# 屏時三餐

作者－凱南 Kenan

# 在地小吃

3

# 冰品、飲品與甜湯

# 下午茶特選

# 餐廳與火鍋

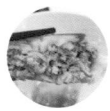

# 早午餐

# 民族路夜市

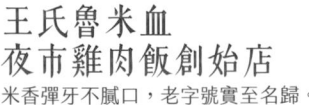

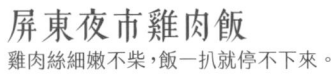
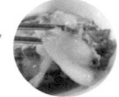
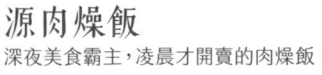

# 屏時三餐，生活手記

# 屏東市區地圖，
# QR Code 一掃即用！

　　屏東美食商家的密集度很高，主要以屏東火車站為中心向外擴展，其中又以屏東夜市一帶居冠，非常適合徒步遊玩。本書特別製作了專屬的Google Map地圖，將書中推薦的景點、小吃攤與餐廳，全部按照單元分門別類，只要用手機掃一掃QR Code，就能立刻上路，輕鬆抵達！

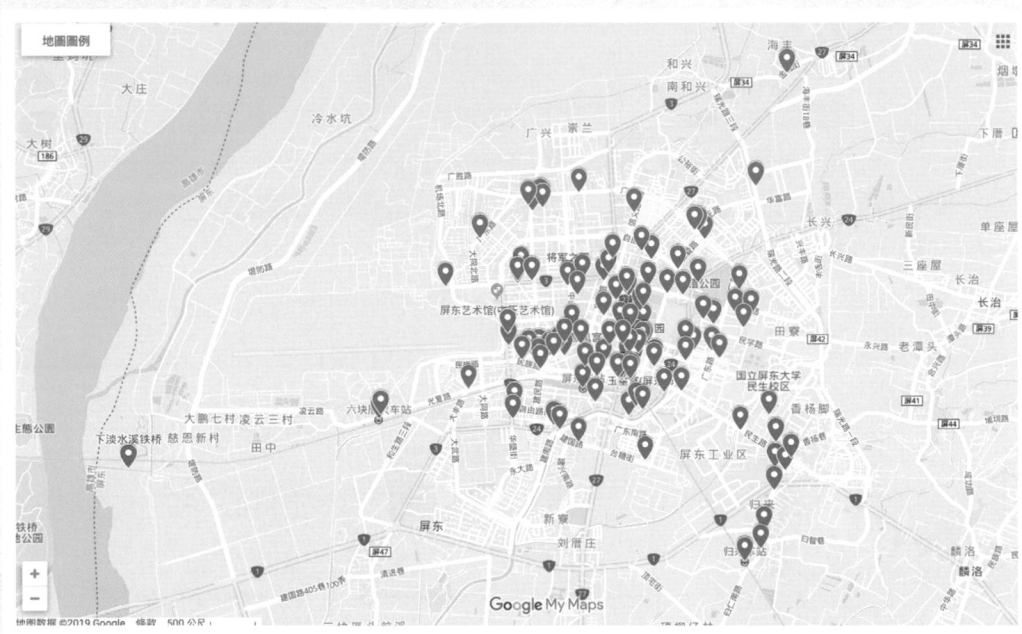

依照書中單元分類，搜尋超方便！　　　掃描下圖，立刻連接強大地圖！

勾選單元標題，
查看該分類景點店家

網址：reurl.cc/D1LQLN

# 用 5 年多的青春，
# 分享家鄉屏東市的美好樣貌

在我大四那年，當身邊朋友都在準備求職找工作或繼續升學考研究所時，我卻專心寫起了部落格，以旅遊、美食為主題，同時，也記錄我的生活。這是我頭一次這麼認真專注在一件事情上，彷彿找到這輩子的人生志向，我很確定這是我喜歡做的事，這股熱忱直到現在依然分毫不減。分享生活使我的內心感到充實，也因為寫部落格，當時已離鄉在外求學4年的我，才發現自己對家鄉屏東其實沒有想像中地熟悉。於是在大學畢業那一年，我決定回家。

回到屏東過起旅居生活，用我的視角，輔以照片及文字，記錄家鄉這塊土地。我一路慢慢地吃、慢慢遊逛、隨時隨地都在拍照，一次又一次參與地方上舉辦的大大小小的活動，越是貼近觀察、細細品味，越是著迷於屬於屏東獨有的，快速之中又帶輕緩的生活步調。這一寫就是將近6個年頭，不知不覺也吃遍市區超過100家美食小吃，相機捕捉到的畫面，算一算少說也有數千張了呢！

回看這一段路，好像過了一段很不可思議的漫長日子，回味著一張張照片，腦海中寫書的想法也漸漸萌芽……直到2018年10月，太雅出版社的芳玲總編輯接受了我的出版企劃。在這之前，事情並沒有想像中順遂，我不知道已經被多少家出版社拒於門外，甚至一直到正式簽約那天，我仍不太相信自己「真的」正在實現這件事。當時興奮激動的情緒早已將前一晚專程搭夜車北上的疲倦感統統遮蓋掉，不僅精神超級好，內心更強烈地沸騰著，心想這一路走來5年多了，我終於有機會出版此書，分享自己家鄉最美好的一面。

這本《屏時三餐》範圍集中在屏東市區，書中內容不單分享吃喝玩樂之事，還寫入生活與見聞，或許翻開接下來的每一頁，能夠喚起許多屏東市人的共同回憶。而隨著截稿日子越近，我甚至停下所有工作，只為了全心完成此書，一再刪修、新增書中內容、資訊更新、呈

現完整性，就是希望對書迷們負起
責任。當你們將這本書拿在手上
時，已經開始跨出愛上屏東的第一
步囉！

　此時此刻，我帶著最誠摯的感謝
之心！感謝張芳玲總編輯和鄧鈺澐
編輯多次費時與我洽談出版事宜，
感謝太雅出版社一同為此書費心勞
力的各個夥伴們，感謝家人的支
持，和一路上撥空陪我到各個店家
訪談拍照的朋友，感謝正在翻閱本
書的讀者們，不論是屏東人還是外
縣市的旅人們，又或是願意將此書
買回家留存，及願意帶著這本書來
屏東尋味尋景的你們，感謝，由衷
表達感謝。

　將此書獻給我心目中的美食之
都，也是我的家鄉，屏東市。

## 凱南

# 市區主要景點

[ *Sightseeing* ]

　　屏東市區地域範圍不大,很適合用散步的方式輕鬆遊玩,若是走累了或是想到距離較遠的景點時,市區也有提供公共腳踏車,非常便利,而且每個景點的四周總能找到不少好吃、好喝的店家或攤商,可以稍事休息、解饞解渴後再繼續逛,所以即使是夏天來旅行,也不必怕被酷暑熱暈,只要安排規畫好,就能暢遊其中!

# 將軍之屋

地址：屏東市青島街106號

將軍之屋是日治時期的軍官官舍，光復後作為陸軍官校校長宿舍。位在青島街轉角，白屋黑瓦的日式建築，每每經過都會多看一眼。現改設成軍眷文化歷史展示空間，有不同主題類型的常、特展，可注意展覽時間。同時設置書店「大樹冊店」，內有親子閱讀區域，為這棟老房子注入書香氣息。

1.老房子位於青島街與中山路十字口處，格外搶眼／2.屋內以軍眷故事為主題，展示許多老物件，勾起上一代的回憶／3.將軍之屋旁保存下來1座由飛機副油箱改裝而成的水塔，後方還有座防空洞／4.日式官舍與門前這棵挺拔的老玉蘭花樹相互依靠，也成彼此歷史的見證者

# 宗聖公祠

地址：屏東市勝豐里自由路謙仁巷23號

高齡90多歲的宗聖公祠，是屏東市內必看的縣定古蹟建築，經過長時間修復，得以重現上個世紀的風華樣貌，圍牆門樓上的獅座雕像十分搶眼，氣派儼然。說這裡是典型的客家宗祠卻又不盡然，在這裡你除了會看見傳統客家合院，還有日據時代西洋建築型態的輪廓及廟宇建築風格，內部也保存了多位匠師名家的技藝創作，值得緩下腳步去欣賞，體會屏東客家先人的風采。

1.宗祠正面外觀／2.建築融合巴洛克式典雅的風格美感，格局完整且規模相當廣大／3.建築雕刻技術極為精湛，如壁畫、雕飾、剪黏、書法字等，手法細膩，令人讚歎

# 聖經博物館

地址：屏東市福州街45號

屏東市有座百年歷史的古老教堂——屏東教會，2012年增建成這棟5層樓高的教育館，歐洲巴洛克式風格的建築外觀成為福州街上最獨特的風景。館內設有一間「楠仔樹腳聖經博物館」，為全國第一間聖經主題博物館，館藏價值超乎你的想像！收集來自世界各地不同國家、不同語言的聖經，數量已多達上百本，內容引人入勝，參觀前請先電話預約唷！

# 屏東觀光夜市

地址：屏東市民族路與民權路段

來到屏東市區若不知道要吃什麼，那就逛逛觀光夜市吧！這裡主要販售肉圓、肉粽、雞肉飯、肉羹、米粉等傳統小吃，其他如冰品、飲料、蔬果也樣樣不少。早上已有攤販開始營業，動輒30、50年以上的老店一家接著一家，是陪伴屏東人成長的家鄉味。而夜市周邊也有許多店面，如服飾、鞋子、包包等，形成屏東市區裡繁榮的微型生活商圈，在這裡有吃有玩還兼滿足購物需求！

# 屏東糖廠冰店

地址：屏東市台糖街67號

去屏東糖廠吃冰、餵魚、看火車是生活在屏東市的小樂趣，也是我的兒時回憶，屏東糖廠停止營運後，至今冰店仍陪伴著在地人。走進販售區會發現冰品種類很多，有傳統冰棒，亦研發出蘭姆葡萄、鳳梨、芋頭、紅豆牛奶等多種口味的冰淇淋，而酵母冰淇淋最受食客歡迎。吃完冰還能到戶外林蔭下休息散步，糖廠冰店一旁展示當年旗山糖廠運送製糖原料的蒸汽火車，變成小朋友的遊戲場。

1.除這台退役的蒸汽小火車外，廠區其實還看得見幾台火車頭的身影喔／2.坐在池塘邊吃著冰欣賞魚兒游來游去好療癒／3.我對芋頭冰淇淋情有獨鍾，每來必吃芋頭口味

# 歸來慈天宮

地址：屏東市歸義巷13號

行經歸仁路與歸義巷交叉口，會看見歸來人的信仰中心慈天宮，以及廟前這棵樹齡超過300年的大緬梔(雞蛋花樹)。當地人稱此樹「老番花」，相傳是西元1647年由荷蘭人種下的，擁有全台樹齡最老的封號，地位極高。至於歸來媽祖廟(慈天宮)跟屏東媽祖廟(慈鳳宮)則有一段歷史淵源，從導覽人吳大哥口述得知，其實歸來媽祖廟就像是屏東媽祖廟的娘家。來到歸來社區，除了品嘗在地美食，不妨透過社區導覽聽聽老樹與老廟的故事，將更不虛此行。

1.慈天宮正面／2.每當這棵古老雞蛋花樹開滿雞蛋花，便為歸來社區繪上一層鮮艷色彩

# 青創聚落

地址：屏東市勝利路77號

「I/o studio屏東縣青創聚落」提供在地青年回鄉深耕的夢想舞台，使用多達53個貨櫃建造出這座色彩繽紛的貨櫃屋景點，2016年11月一開幕，短時間內成為屏東最熱門的拍照打卡新選擇，繽紛搶眼的外觀總是話題十足，也有餐飲市集、服飾商品、手作文創小店進駐。定期舉辦展覽和安排表演，活化貨櫃空間。戶外寬敞的草皮很適合讓小朋友奔跑嬉戲，兩層樓高的螺旋溜滑梯和彩虹色貨櫃步道是取景遊樂的

兩大焦點，歡迎來此走跳拍張照片，度過一段放鬆休閒的假期吧！

1.入夜後的青創聚落和白天有截然不同的獨特美感／2.鮮艷繽紛的螺旋溜滑梯／3.任何角度都能拍出文青風格的照片

# 舊鐵橋

地址：屏東市堤防路

鐵道迷必朝聖！屏東下淡水溪舊鐵橋建於日治時期，全長達1,526公尺，由日籍技師飯田豐二創建，是國定古蹟，大鐵橋橫跨高屏溪，現在仍保留昔日風采。既然都來了，怎能不走上廢棄鐵軌看看呢！這裡儼然是一條現成的空中步道，具筆直延伸的美感，風景視野極佳，待久一點還能碰見列車從隔壁條鐵道駛過的畫面，聽説時常會有畢業生或鐵道攝影族專程前來拍照。轉向另一頭，有幾節火車車廂，以時光機的概念展出舊鐵橋歷史與建築特色，並結合鐵道主題詩文和高屏溪沿岸自然生態，讓你同時兼顧學習性質與遊玩樂趣體驗。

1.和棄置保留下來的舊火車合照，往後可回味老時光／2.3.每節舊車廂內有不同方式的展覽／4.下淡水溪鐵橋又稱屏東舊鐵橋，曾為全台第一長橋，舊鐵橋有限制開放時間，走入鐵道拍照之前記得先注意時間

# 迎曦湖

地址：屏東市民生路4-18號(國立屏東大學民生校區)

國立屏東大學民生校區的校園優美靜謐，遍布青翠草地和茂盛成蔭的綠樹，彷彿一座大公園。走近校內的迎曦湖湖畔，小橋、涼亭近在眼前，湖面上有三三兩兩的鵝群悠游，湖邊垂柳依依，景色詩情畫意。鮮少旅人會介紹此地，這裡不僅是學校，也是我的私房景點。

1.環境極為清靜幽美／2.迎曦湖／3.校園入口

# 鄉土藝術館

地址：屏東市豐田里田寮巷26號(中正國中旁)

屏東市巷仔內有間修復完整的老宅第，緊緊依偎在中正國中旁，裡裡外外充分展現出傳統工藝之美，它是屏東鄉土藝術館(邱家古厝)。從前廳走至後廳，有許許多多令人驚豔的建築藝術，兩對木雕獅座、傳統建築中常見的八角花籃雕飾、牡丹花造型吊筒象徵富貴吉祥、護龍門扇及交趾陶、剪黏、彩繪等，以及後廳門上匾額刻入「忠實第」的木材字體，都是鄉土藝術館很重要的物件。不妨跟著解說員一步一步深入走訪這座百年古厝，認識其豐富精采的歷史背景和故事點滴。

1.屏東鄉土藝術館／2.屏東鄉土藝術館過去曾有「邱家古厝」、「河南堂忠實第」等名稱／3.外圍圍牆多了可愛活潑的裝飾點綴，使得老建築不那麼單調乏味

# 萬年溪景觀橋

地址：屏東市自由路17號

千萬價值地標就在屏東市！橋長254.7公尺的萬年溪景觀橋，歷時1年9個月籌建，橫跨萬年溪流域，連接著萬年公園與勞工處兩端，前衛感十足的設計和弧線形體，吸引各地遊客前來朝聖。不論平日假日，總能看見有人在橋上騎單車或是散步慢跑，是都市居民運動休閒的好地方。白天和夜晚的景致截然不同，各有特色，每當晚上亮起燈光後，一條燦爛閃亮的橋道劃開屏東夜空，浪漫指數直接破表啦！

1.斥資近億元打造出屏東新地標／2.夜裡的景觀橋耀眼奪目，是屏東市區少數的夜遊景點之一／3.由知名地景藝術家劉仁生老師彩繪的「玫瑰花束及愛心地畫藝術」，洋溢幸福氛圍

# 屏東美術館

地址：屏東市中正路74號

位於屏東市中正路上的屏東美術館，與太平洋百貨公司僅相隔一條馬路，此址原是屏東市公所，於民國42年10月落成正式使用，整棟建築物已有60多年的歷史，樓高兩層的建築主體，內部看得到杉木搭建的挑高屋頂、磨石子地板、潔白典雅的歐式風格的支柱體，以及圓窗與方形長窗的搭配，屏東美術館就像個渾然天成的大型藝術作品，細細賞閱很耐人尋味。

1.屏東地區水準最高的展示空間非屏東美術館莫屬，有效帶動地方藝文欣賞風氣／2.展館周圍人行步道上可見整排的瓷版畫，都是出自屏東在地代表藝術家的作品

# 屏東聖帝廟

地址：屏東市永福路36號

屏東聖帝廟和屏東慈鳳宮一樣都是地方信仰重心，兩廟同為市區內歷史最悠久的廟宇，廟齡合起來超過500年，是保存最久遠的文化資產。兩廟凝聚地方居民與全台各地信徒，香火傳承各個世代，終年鼎盛於民間。聖帝廟建於明清時期，距今已有230年之久，廟內保有眾多歷史文化與文物，其中以全台罕見的鎮廟磚契最為著名。

廟門口立有一尊供後人瞻仰的關公銅像

# 屏東朝陽門

地址：屏東市公園段3小段17地號
　　　（屏東公園內田徑場及網球場之間）

這座已有百年歷史的屏東朝陽門(阿猴城門)，無疑是屏東公園裡的珍寶！清代原建築有東、西、南、北4座城門築起城壘，形如銅牆鐵壁，以防治番匪、械鬥等等亂事。直到日治時期拆除絕大多數城牆與城門，現在大家能看到的僅剩這座東城門有幸保留下來，供後人依循古城方位緬懷昔日阿猴城的風采。城門造型設計樸實，方正對稱，高度約3.6公尺，運用岩

經多次規畫修建與周邊環境整治，保存這座古蹟地標

石、紅磚、土等材料修築而成，如今被列為國家3級古蹟，是屏東地方重要的文化資產。

# 屏東書院

地址：屏東市勝利路38號

屏東書院(屏東孔廟)歷經遷移與多次修護整建，不僅恢復舊時風貌，將空間格局部分增修，並改善使用的建材，也讓這走過兩百多年之久的老書院擁有今日的規模，且被完好保存著。屏東書院是南部地區僅剩兩座保存較完整的書院之一，亦是台灣縣定3級古蹟，因此參觀價值十分珍貴。

大成殿前有個寬闊庭院，綠地、老樹相應，從地板至牆身多鋪上紅磚。緩步遊覽一圈，可見屋瓦、山牆、石柱、雕花彩繪、殿內各式結構……思古情懷漸漸湧現，不知不覺染上一身濃濃書卷味。相鄰的屏東縣立游泳池拆除，與屏東書院合併成綠草如茵的書院園區，現在平假日固定時段會開放大成門，並安排志工導覽解說，不定時策展和舉辦各式藝文活動，增添書院人氣。

1.殿前大廣場每年會舉行大成至聖先師孔子誕辰釋奠典禮，屆時場面會相當莊嚴隆重／2.全院一磚一瓦，一柱一石，都盡量保持古樣。圖為九仞宮牆／3.因為是文教建築，特別具有古樸素雅的氣質

# 屏東慈鳳宮

地址：屏東市中山路39號

慈鳳宮是屏東市區年代最久、規模也最大的古老媽祖廟，位於中山路與永福路口，距離屏東火車站前百多公尺的位置，在地人又稱阿猴媽祖或屏東媽祖。歷經清領時期、日治時代到現在，表現出阿猴城開發史的歷史地位與價值，期間流傳許多神蹟奇事，至今信徒香客廣布全國，香火鼎盛。而每年的聖母誕辰日，會舉行例年媽祖遶境，聲勢浩大，來自全台的信徒齊聚於此，是屏東地方宗教盛事。

1.近300年的歷史歲月讓屏東慈鳳宮有著屏東市內無可撼動的重要價值與地位／2.很多屏東考生會在大考前夕，將准考證影本壓在文昌帝君這裡，再摸一摸文昌筆保佑考試順利

# 屏東公園

地址：屏東市仁愛路、中華路與公園路路段

屏東公園過去稱為「中山公園」，也聽過老一輩的屏東人稱「阿猴公園」，占地達2萬3千多坪，從西元1902年開園以來始終是屏東市內規模面積最大綠地。大王椰子沿走道兩旁成排而立，放眼前望，碧草如茵、綠樹成蔭，還有小橋、池塘、涼亭襯景，多麼悠然美麗，如詩如畫。值得一提的是，園內植物樹種繁多，雞蛋花、木麻黃、樟樹、欖仁樹、雨豆樹等等，簡直是老樹群展現姿態的表演舞台。

屏東公園的歷史內涵豐富，有光復紀念碑、

228事件紀念碑……等多個紀念碑立於園內不同處，亦能找到日建遺跡，例如屏東公園東側近仁愛路方向，與屏東女中相隔的涼亭，原址在日治時期是一座末廣稻荷社，台灣光復後拆除，基座被保存下來改建成防空洞。倘若時間不充裕，那就短短環著池畔繞一回，相信心情也能得到放鬆了。

1.環境優美、綠樹環繞，中央的噴水池還會上演水舞戲碼／2.涼亭前方設置了P-bike租賃站，交通滿方便的／3.公園內可見雕像與紀念碑，可認識台灣過往的歷史人文／4.可溜滑梯的涼亭與下方之防空洞，即為末廣稻荷社拆除後改建而成

# 學生街

地址：屏東市逢甲路周邊一帶

從我有印象開始，屏東市裡的永福路、逢甲路、南京路、上海路，就是在地人口中所稱的「學生街」。假日從白天開始已看得到逛街人潮，而真正熱鬧的時間則大約從下午3、4點一直到晚上10點，街道上擺著小攤位，賣著平價服飾、流行鞋包、有趣飾品，相較於百貨公司，學生街上所賣的商品種類更加豐富且平價。學生時期較多的回憶就是和朋友、同學相約到學生街上逛街買衣服，這裡算是屏東市區

屏東市學生街聚集許多流行服飾、運動品牌和大大小小的攤位、店面

著名的商圈之一，提供年輕族群豐富多元的購物選擇。

# 崇蘭社區

阿緱地方文化館地址：屏東市崇蘭里崇蘭69號
崇蘭蕭氏家廟地址：屏東市崇蘭里崇蘭69號
　　　　　　　（阿緱地方文化館旁）
456彩繪藝術巷地址：屏東市博愛路456巷
　　　　　　　（環保公園對面巷子內）

　　結合縣定古蹟、歷史老屋、在地文化、彩繪藝術、熱門打卡地景藝廊、70年老廟重生……，如此豐富的元素，造就這個樸實平靜的小社區充滿旅遊熱度，也是屏東市社區空間再造最著名的例子。

　　走進崇蘭456藝術巷弄，可欣賞古厝老房牆

上的扶桑花彩繪和特色磁磚拼貼，轉個彎，建於1880年的蕭氏家廟，和曾為蕭氏學堂、有90多年歷史的阿緱地方文化館——課餘軒，便出現於眼前，再將崇蘭古松西巷裡的3D絲瓜彩繪牆、崇蘭昌黎殿、崇蘭環保無菸公園內的竹編藝廊地景……，一一串連起來，遂形成一條輕鬆寫意的阿緱文化生活圈漫遊路線。

1.彩繪與拼貼美化了這座崇蘭社區的小巷子和矮屋古厝／2.崇蘭社區改造發展故事與延續城市記憶的價值殿堂／3.曾獲選台灣歷史建築百景，2004年指定為縣定古蹟／4.交趾陶、剪黏、書卷窗、壁飾等傳統建築工藝值得一看

# 屏東火車站

地址：屏東市公勇路62號(屏東火車站旅遊服務中心)

　　屏東火車新站高架化落成後，也為屏東打造了新氣象，2樓有一條文藝廊道，為車站內渲染上濃濃的文藝氣質，等車時，不妨停下腳步欣賞藝術之美。寬敞的1樓大廳內設置結合原住民意象的公共藝術，站內外皆有藝術作品。車站月台上有相當巨大的遮棚及天井設計，採光度良好，高架化後看出去的城市街景視野極佳。當夜幕低垂，金光閃閃的屏東火車站是攝影族喜愛的夜間地景。

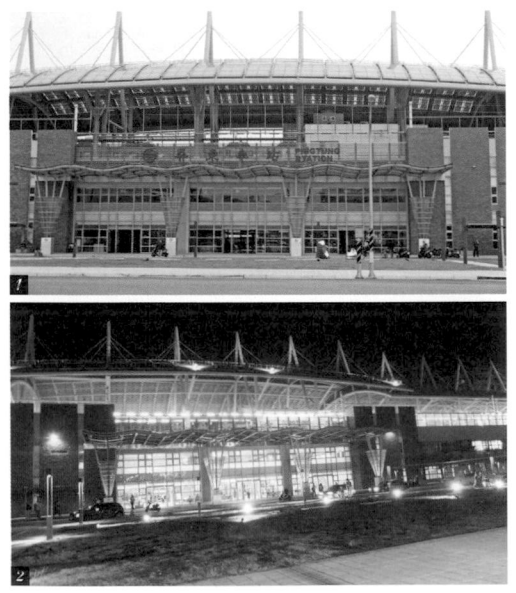

1.屏東車站不僅作為交通運輸功用，更給予外縣市來此的遊客一個好印象／2.屏東車站越夜越美麗

# 延伸推薦

　　屏東地區族群多元，彼此之間也相互尊重，不同的文化都能在這裡充分發展，近而產生許多充滿地方特色的景點和園區。以下推薦幾個深具本地文化特色的景點，若時間充裕，可深度走訪，規畫一趟寓教於樂的豐富旅程！

**絲瓜彩繪牆**
地址：屏東市古松西巷 225 號旁
（阮兜早餐店旁）

**崇蘭昌黎殿**
地址：屏東市博愛路 428 號

**屏東千禧公園**
地址：屏東市大連路上

**屏東族群音樂館**
地址：屏東市中山路 61 號

**屏東玉皇宮**
地址：屏東市自由路 145 號

**崇蘭社區發展協會**
地址：屏東市博愛路 427 號

**勝利星村創意生活園區**
地址：屏東市青島街周邊一帶

**屏東縣原住民文化會館**
地址：屏東市豐榮街 50 巷 7 號

**六塊厝車站**
地址：屏東市光復路上
（阿秀小吃部牛肉麵對面）

**眷村咖啡街**
地址：屏東市青島街上

**李淑德故居**
地址：屏東市自由路 122 號

**屏東菸葉廠**
地址：屏東市歸仁路 162 號

**屏東演藝廳**
地址：屏東市民生路 4-17 號

**歸來火車站**
地址：屏東市歸仁路 1 巷內

**特色郵局**
地址：屏東市勝利路 123 號

**瑞光夜市**
地址：屏東市瑞光路三段

# 飯與麵

[ *Rice & Noodle* ]

　　屏東人慣吃米飯，愛好米飯，離開不了米飯，連早餐也得來上一碗肉燥飯！——肥瘦適中的肉燥拌著魚鬆和白米飯，其誘人程度可以直接趕跑瞌睡蟲，敲開晨間的美好。也有人甚愛用排骨飯和大碗的米糕搭配味噌湯，極為豐盛、絕對飽足，這就是在地人吃早午餐時飯桌上的樣貌。若是到懷舊的復古餐廳裡，那麼古早味豬油拌飯也是一種「晨間」美味呢！

　　在我小時候，媽媽時常跟我手牽手兩人一起到巷仔內吃菜脯麻醬乾麵，這一碗乾麵我從小吃到大，現在還是吃得到，是我心裡永遠難忘的好滋味。聊到屏東的在地老麵店，若是一一細數，花上好幾天我也說不完。

# 廖家肉燥飯
一碗肉燥飯，足代表家鄉味對屏東囝仔的意義。

地址：屏東市公園東路118-2號
營業時間：06:00～14:00
推薦必點：肉燥飯、排骨飯、味噌湯

　　大清早6點多走進廖家肉燥飯，每次開口，我總是先點一碗肉燥飯，還有香腸、皮蛋、滷蛋和油豆腐這幾樣入味好吃的基本配菜，一定要再加上料很多的味噌湯，味道清爽。也推薦排骨飯或米糕，還有虱目魚皮湯，聽說也是老饕們很愛的餐點。這裡只賣早上和中午時段，尤其早餐來吃這家肉燥飯已成我的習慣，真心推薦！

　　肉的油脂濃郁又不會太黏口，滷汁鹹香帶甜，很有層次，建議盛一些魚鬆搭配，增加乾爽口感。將家傳的特製肉燥老滷汁淋在白飯上，攪拌一下，讓米粒軟綿的程度和香氣更到位。熱賣多年來口味始終如一，這一碗肉燥飯可說是離鄉遊子們最難忘的家鄉味！

1.獨家肉燥老滷汁，冒著熱騰騰的白煙，香氣迷人／2.肉燥有肥有瘦，拌著魚鬆一起吃，越嚼越香，口味偏清爽／3.味噌湯便宜料又多，放了小豆腐、小魚乾、高麗菜、青蔥等配料，湯頭清甜爽口／4.店裡另一大賣點就是排骨飯，熟客人人皆知，不僅有厚度又大，而且香氣足

# 公園肉燥飯

豬油醬飯搭配筒仔造型，創意飄香四十年。

地址：屏東市自由路375之2號
電話：08-736-0010
營業時間：06:30～19:00 (不定休)
推薦必點：肉燥飯、排骨酥湯

　　肉燥飯在台灣各地都吃得到，可是筒仔米糕造型的肉燥飯可就不一定嘗過了。位於屏東市自由路上的公園肉燥飯已超過40年歷史，最早是在屏東市中山公園旁擺攤車賣筒仔米糕，改賣肉燥飯後，仍沿用「筒仔」的作法。以肉燥鋪底的筒罐，放進蒸籠蒸煮入味，再倒扣入碗，塑形成筒仔米糕的外觀。現任第三代老闆從民國85年退伍後便接手本店，維持傳統口味，他說米飯煮熟要先攪拌過調製好的豬油醬汁，算是自家肉燥飯的美味關鍵，入口有如豬油拌飯的特色風味，而且還會有種讓人懷念的古早香氣不斷散發出來。

1.老店傳承3代，只賣肉燥飯和4種湯品，已在屏東市區飄香40年／2.鐵罐裝的肉燥飯放在蒸籠裡保溫，因蒸過使得醬汁香氣更入味，保有米粒彈性與濕潤度／3.炸過的排骨酥會和用豬骨熬煮的高湯一起放進蒸籠去蒸，排骨肉和冬瓜的甜味在湯裡完全釋放，風味更加分

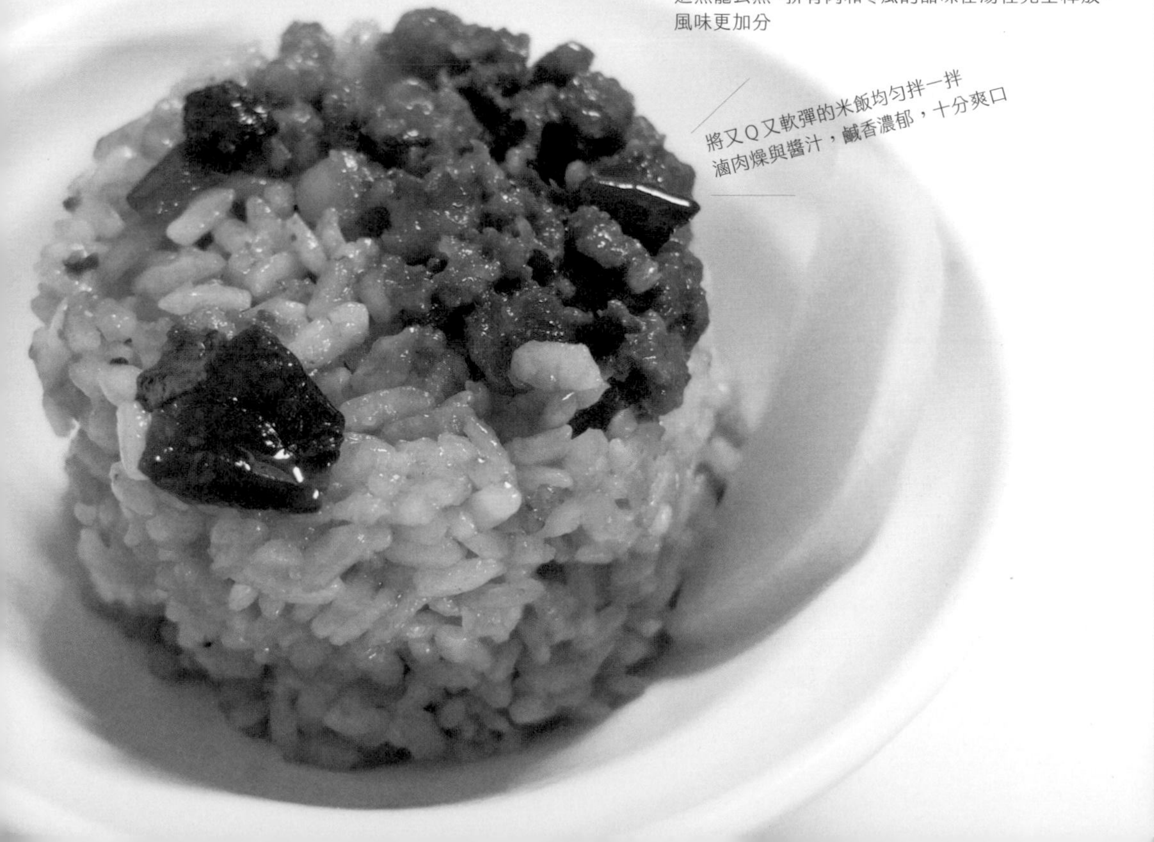

將又Q又軟彈的米飯均勻拌一拌
滷肉燥與醬汁，鹹香濃郁，十分爽口

# 鼎億肉燥飯

肉燥飯、白菜滷、四神湯,古早經典完美呈現。

地址:屏東市勝利路201號
電話:08-734-8205
營業時間:16:00～凌晨03:00 (週日公休)
推薦必點:肉燥飯、雞肉絲飯、香腸、白菜滷、四神湯

　　鼎億位在車來人往的勝利路上,從下午4點開始營業,一直賣到凌晨3點,所以就連宵夜時間都可以來這裡大吃一頓。它的肉燥飯是很傳統的南部口味,被熟客與行家們評為屏東在地第一名。經數小時熬煮的肉燥已被滷得軟嫩入味,肥瘦肉比例適中,鹹甜的油脂與溫熱米飯完美契合,不會太過油膩是其特色。扒起肉燥和米飯一起吃下,口感濕潤又帶黏性好討喜。而需要費工處理的白菜滷、炸過的鮮甜扁魚乾,以及現烤手工香腸,也都是此店亮點,幾乎每桌必點。

1.不論是肉燥飯、雞肉絲飯、烤香腸、白菜滷、四神湯都可說是招牌菜色／2.走進店裡總會被手工現烤香腸的味道誘惑,真的太香了啦／3.在屏東勝利路這個美食戰區中,斗大的招牌極為顯眼

# 詹記屏東肉燥飯

選熬炒滷步步講究,幸福湯裡滿滿誠意。

地址:屏東市博愛路26號
電話:08-732-2190
營業時間:10:00～14:00,17:00～20:00 (週一公休)
推薦必點:肉燥飯、幸福湯、貢丸

　　詹記雖然歷經幾次搬家,但一吃多年的老饕客依舊緊緊跟隨。道地吃法是點一碗招牌肉燥飯配幸福湯。肉燥是純手工製作,挑選以肥肉為主的溫體豬肉,每天清晨就得起床開始準備,為的就是「新鮮」!一大鍋肉燥需以慢火熬煮6個小時以上,先炒再滷,好逼出多餘的油脂,吃起來才會膠質豐富、黏嘴卻不會太油膩,配上白飯越吃越香、越爽口。

　　這裡另一招牌美食是料多味美的幸福湯,湯頭是用新鮮虱目魚的魚骨精心熬製8小時,用料大方、不惜成本。店家總會添上滿滿一大碗,足足夠讓2、3個人共喝,而且還能免費續喝,著實優待呀!吃完這一餐,會不自覺摸著飽足的肚子,心滿意足地說:「這真是太幸福了!」

1.帶皮的肥嫩肉燥入口即化,滷汁濃郁入味不會死鹹／2.幸福湯內有每日新鮮處理的虱目魚肉、魚丸、魚皮、蛤蜊等,滿滿的鮮甜海味

# Whatzup 糀炒炒飯

時髦文青賣著粒粒分明的古早炒飯。

地址：屏東市福州街33號
電話：08-733-1703
營業時間：11:00～14:00，16:30～20:00 (週六、日公休)
推薦必點：古早味炒飯、炒烏龍麵

藏身在福州街這條小巷子裡的Whatzup並不是很顯眼，矮房子小店面，裝點得很有藝術氣息，走的是文青風。光看它的外觀，直覺會以為是間咖啡攤，仔細一看，賣的竟然是炒飯、炒烏龍麵、蓋飯這類餐點。

炒飯口味有蔬菜、花枝、沙茶雞、咖哩豬等，目前不超過10樣，現點現炒，一端上桌，熱騰騰的香味撲鼻，讓人胃口瞬間大開。店家的火侯控制與時間掌握得當，所以炒飯粒粒分明、口感綿實又飽含水分。古早味炒飯可以選擇加雞肉或豬肉，配料則是蘿蔔絲、蛋和青菜，簡單卻也十分美味；炒烏龍也很紅，麵條Q綿嫩口，有濃郁的日式風味，搭配小黃瓜絲更添清爽度，而且配料分量很多，一碗就超級滿足！不過這家店自從被美食節目介紹播出後，等餐的時間變得比以往更久了，若要外帶，建議提前打電話預訂。

1.炒飯香氣四溢，豬肉溫潤嫩口，蛋香菜甜／2.店面小小的，內用座位時常一營業就坐滿／3.炒烏龍也是店家的人氣餐點

# 鬧中取靜的
# 福州街

屏東市區有一條福州街，約400公尺長的單向道，街道頭尾分別連接著平時熙熙攘攘的公園路與民生路兩路段，橫向有美食群聚的林森路、福建路和廈門街貫穿，緊鄰著百貨商圈，鮪魚家族飯店又設立在街道盡頭處，再隔條路便是屏東影城，與中央市場相隔不過200公尺，銀行、郵局、醫院、超商皆步行幾分鐘可到達。

由此你可能會猜想，福州街周邊這一帶，鐵定熱鬧極了。但是進入福州街卻不是如此。

狹長街道沒沾染上一絲一毫鬧區該有的熱絡與熱情，反而以一種鬧中取寧靜的平淡姿態表現著自己，獨樹一格。兩側是平房林立的民宅，街道並不古舊，卻靜謐得好迷人。走到福州街與福建路交叉路口，眼前一棟仿哥德式建立的教堂正散發著古典美，我喜歡沿著一旁的人行道上散步，韻味飄然，心情甚好。

這條福州街上有兩家小店「山林冰果店」和「Whatzup糀炒炒飯」，都是我的美食口袋名單。

福州街上有我推薦的美食店家Whatzup糀炒炒飯

1,2.楠仔樹腳聖經博物館是全台第一間聖經博物館,也為福州街帶來一些探訪動機 / 3.殘缺褪色的紅磚屋宅,斑駁陳舊的鐵皮木屋,路人經過時,總會忍不住看它兩眼 / 4.聖經博物館旁的人行道,草木樹蔭陪襯,有紅有綠,景致悠閒

# 阿和麵線

純手工紅麵線與鮮蚵仔完美烹製，色香味俱全。

地址：屏東市廣東路473號
電話：0930-771-333
營業時間：11:00～賣完為止 (約16:30)
推薦必點：大腸蚵仔麵線、豬血糕

　　阿和麵線位於屏東市廣東路上，民國77年成立至今，一賣就是30年，累積許多一吃成主顧的在地老饕。多年來堅持料好實在，麵線選用純手工製紅麵線，湯頭則以柴魚熬煮，配料放入處理得乾淨入味的大腸和每天到市場採買的新鮮蚵仔，加上蒜末和香菜調味，就是一碗色香味美的大腸蚵仔麵線，配上一支豬血糕更是豐美超值的組合。豬血糕不容小覷，純糯米製作而成，蒸出來的豬血糕口感軟綿之中帶有Q勁，沾抹上醬油膏和花生粉，香氣十足，香菜搭配其中更加合拍，整體味道極好，讓人一吃難忘，建議愛吃辣的朋友一定要加些店家手工自製特級辣椒醬，會讓香氣滋味瞬間往上衝！中午用餐時間生意特別好，時常需要排隊。

1.目前只提供外帶／2.高湯用柴魚熬煮、大腸彈牙入味、蚵仔大顆飽滿、麵線Q軟順口，整鍋配料滿盈，色香味俱全／3.豬血糕價格實在又好吃，幾乎人人都愛

# 阿英麵店

阿嬤們心中正港的古早麵。

地址：屏東市和平路西區公有零售市場內
營業時間：05:00～13:00 (不公休)
推薦必點：乾意麵

　　在這擁有許多老屏東人共同回憶的屏東市西市場內，有家開業超過60年之久的古早味老店，阿英麵店。老闆娘說，從阿嬤那時候開始就在做，直到現在都還是維持老一輩傳下來的作法。油麵、意麵、米粉，以及米苔目這些選擇當中，又以招牌乾意麵最受到饕客愛戴。先將口感彈韌的細麵條撥鬆，拌一拌入味不膩的滷肉燥後，大口吃進嘴裡，瞬間綻放傳統濃郁的古早味香氣，麵條吸附著鹹鹹淡淡的滷汁，滑順濕潤很討人喜歡，每次吃完總會想再來一碗，還有，配上一份現切現燙的切料小菜一起享用，這種老滋味的組合吃法更道地。

1.老麵店佇立屏東市西市場裡充滿在地氛圍，走過60個年頭累積絕佳口碑／2.乾意麵淋上獨家自製的肉燥滷汁，灑些許碎菜美味上桌，看似簡單平凡，卻能吸引在地人一來再來／3.黑白切沒有多餘調味，僅用特調醬油和薑絲提味，講求現點現切現燙

# 紀家牛肉麵

中藥配方自成一味,養出一眾追隨者。

地址:屏東市延平一街35號
電話:0972-782-727
營業時間:10:00～14:00,16:00～20:00 (週二公休)
推薦必點:紅燒牛肉麵、滷味小菜

轉進屏東市延平一街的這條小巷子裡就會看到這間紀家牛肉麵,從民國75年起經營至今,幾經搬遷與數年歇業,重新開張後,當初吃慣了的許多老客人又紛紛回流,可見其滋味如何令人想念。店裡賣的是傳統麵食,主打的紅燒牛肉麵剛端上桌,香氣便撲鼻而來。牛肉湯得熬煮數個小時,湯底放入獨門配方中藥包是美味的關鍵,湯頭鹹香氣足,底蘊濃厚但不油膩,寬扁麵條口感厚實。牛肉給得好大方,每塊牛肉吸附著濃濃湯汁,濕潤嫩口又有咬勁。比起市面上動輒破百元,分量又不如預期的牛肉麵,紀家的麵量和牛肉塊給得實在,讓我忠心耿耿。

擺放在餐檯上的各式滷味小菜,每次吃麵總禁不住誘惑選個幾樣來搭配,尤其是淋在上頭的特製醬汁,讓整盤滷菜的美味程度更甚,滋味可口不死鹹。

1.麵條口感好,吸滿濃郁甘甜的紅燒牛肉湯汁,而牛肉塊香氣入味、帶有嚼勁,青菜的陪襯也使得整碗牛肉麵更加清爽 / 2.好評不斷的滷味小菜,價格公道,滷得香醇入味 / 3.隱藏版的巷弄美食,小攤子位置靠近建國市場,要仔細找才找得到

# 阿成麵攤

紅透屏東半邊天，在地必吃麵食前三名。

地址：屏東市民生路112號
電話：0930-301-295
營業時間：17:30～24:00 (週日公休)
推薦必點：乾麵、麻醬麵、瘦肉湯

　　從民國55年創立到現在，阿成麵攤一定會出現於許多在地麵食控的口袋名單中，位於屏東市東區市場入口處，小攤子從下午一直賣到半夜，聞香下馬的客人不曾停過，為一碗麵等上20、30分鐘早已是見怪不怪的平常事了。各式麵食、湯品及小菜，樣樣味道都好，尤其淋上獨門比例肉燥的麻醬麵可得要試試，輕輕拌著Q彈不軟爛的細麵條，入口的芝麻醬香氣濃郁誘人，另外，店家說餛飩湯和瘦肉湯是店內最熱門的湯類。

1.超過50年的傳統麵攤地位屹立不搖，説是東區市場美食第一把交椅，一點也不為過／2.多年來的老味道，價錢平實，人情味濃，不管是離鄉工作還是求學在外，都時常會想念這裡的味道／3.瘦肉湯清甜十足，放些薑絲提味，瘦肉塊口感軟嫩適中，配薑絲一起吃層次鮮明，若沾著調製蒜泥醬油又會有另一種風味

# 易奎擔擔麵

一碗菜脯麻醬拌麵是懷舊的歲月。

地址：屏東市大同里南昌街25號 (城隍廟對面)
電話：08-732-9562
營業時間：11:30～19:00(部分國定假日及颱風天休息)
推薦必點：餛飩乾麵、乾麵

　　會知道這家巷仔內經營很久的易奎擔擔麵，是因為媽媽曾説過她年輕時和高中同學常一起來這裡吃麵，若往回推算，至少超過30年。店面位置離屏東火車站不遠，斜對面有間城隍廟，但凡問大部分的老屏東人都知道「菜脯乾麵」的懷舊好滋味。帶有Q彈韌度的陽春細麵，加上豆芽菜點綴增添層次感，最後放入量多的蘿蔔乾、肉燥和麻醬，正是其特別之處，醬香而不鹹，濃郁而不膩，吃完保證口齒留香。店裡的乾麵、湯麵、餛飩麵、水餃、滷味小菜也是美味得很，有機會一定要來嘗嘗看。

1.深藏巷仔內的老牌麵店，幾年前連網路上的分享資訊都不多，更別提媒體採訪報導了，作風相當低調卻很受歡迎／2.這裡的特色就是麻醬醬汁淋得多，上頭還鋪了滿滿的肉燥和菜脯，滋味滿盈／3.每顆餛飩精巧迷人，肉餡香氣足但不會太重，外皮吸附著濃郁麻醬，味道又更好了

# 西安褲帶麵麵食館

椒麻香辣正是西安的家鄉味。

地址：屏東市信義路357-2號
電話：08-732-1923
營業時間：11:00～14:00，17:00～20:00（週一、二公休）
推薦必點：哨子麵、油潑麵、剁椒拌麵、紅油炒手、肉燥飯

在屏東市信義國小大門口斜對面有一家飄著西安味的特色麵館，老闆娘是位陝西人，豪爽大刺刺的個性總能跟我們這些常常來吃麵的饕客們聊成一片，初次來訪的人可能會因她直來直往的說話方式而感到有些不習慣呢！只要開門營業，就能看見店家現場製麵的全部過程，老闆堅持一定要手桿麵團，親自掌握麵條筋性與手工揉製的勁道，又寬又長的麵條像極了褲帶，「褲帶麵」的名號因而傳開。

越咬越帶勁的扎實麵條，和不同特殊調料結合出風味各異的一道道招牌麵食，想吃酸的、麻的、辣的、香的，統統有，徹底征服眾人味蕾。老闆娘說，配菜如豆子、番茄、青菜等，都是自己種的，我在吃麵時，她還不忘提醒：「你把紅油炒手的醬淋到乾麵拌一拌吃看看，會有不同層次的香氣喔！」果真厲害！真的一定要來試試看。

1.菜單上的油潑麵、酸湯麵、哨子麵、番茄麵、雙醬麵、紅油炒手及各式各樣的小菜，全得吃過一輪才值得／2.剁椒拌麵又麻又辣，搭配寬厚的手工麵條，激發出獨一無二的香氣口感，嗜辣族鐵定會愛／3.每天提供的麵量有限，完售就收

# 阿秀小吃部牛肉麵

冠軍麵條鹹辣夠勁。

**84**
阿秀牛肉麵
切菜專用牌

地址：屏東市光復路388-2號 (六塊厝火車站斜對面)
營業時間：11:00～14:00，17:30～19:30 (週一公休)
推薦必點：牛肉麵(有肉)、辣漬小黃瓜、小菜切盤

　　阿秀小吃部牛肉麵一直是屏東六塊厝眷村裡很有名的麵店，曾獲選2014年眷村文化節麵食選拔的麵條組第一名，美味度大受肯定。店面從原本位在眷區大鵬七村光大巷的一間簡陋矮房，後搬到六塊厝火車站斜對面(現址)，經過裝潢，用餐空間比以前寬敞且環境更加舒適乾淨。每到夏天，坐在店裡一邊吹著冷氣，一邊吃著充滿道地眷村味的牛肉麵，真是特別棒的享受呢！

　　店裡主要販賣麵食，品項不多，若是不吃牛肉，也能選擇麻醬麵或是榨菜肉絲麵。招牌牛肉麵看似樸實單純，不過加些蒜末、蔥花和地瓜葉陪襯，卻已是色香味樣樣兼具，再加上軟嫩入味的大塊牛肉，與鹹香帶辣的牛肉湯頭，完全抓住每位客人的胃。另外，店裡賣的滷味小菜和辣漬小黃瓜也都很值得一吃，尤其是辣漬小黃瓜更是口味保證，吃起來又辣又麻，麻中還帶清爽香氣，和牛肉麵搭配起來特別合拍，滋味令人回味無窮。相信很多人都是衝著這一味而來到屏東市六塊厝眷村，我自己也不例外。

1.道地眷村口味的牛肉麵，帶筋牛肉多又大塊，肉質軟嫩不柴，因為浸泡在湯裡，讓每塊牛肉一咬下便流出好多汁呢／2.點好餐後，再拿著「切菜專用牌」去小菜區選要吃的滷味切盤／3.彈牙的豬耳朵與軟Q腸子都是我常點的菜色，醬汁偏甜帶一點鹹味，食材很入味，相當好吃／4.來店必點招牌辣漬小黃瓜，愛吃辣的朋友絕對要試試，一入口辣勁瞬間湧出，既辣又麻

# 回香牛肉麵

獨特混搭魅力，書局竟然賣起牛肉麵。

地址：屏東市中山路46-2號 (五南文化廣場屏東店)
電話：08-765-5552
營業時間：11:00～21:00
推薦必點：清燉牛肉麵、牛肉湯麵(無肉)

　其實書店與咖啡餐飲異業結合的例子很多，但跟牛肉麵店合作則是特別少見，我還真想不到有哪裡可以讓我一邊翻閱書籍，一邊還能盡情享用牛肉麵！而回香牛肉麵卻做到了。店家位於五南文化廣場屏東店內的一樓入口左後方，大門一開，便飄來烹煮食物的香氣，食品科系畢業的楊店長說：「開業初期光是挑好的食材、好的配料，研發改良出自己滿意的口味，就花費許多時間與心力。」回香已逐漸在屏東市區賣出良好口碑，不論是清燉湯頭或紅燒湯頭，都很令人激賞，尤其推薦能一次吃到牛肚、牛筋、牛腱的三寶牛肉麵，點購率最高。

如果不吃牛肉，也可以選擇豬肉口味的麵食，或是炸醬麵、水餃等，也都毫不遜色。

1.讓我願意一再光顧的就是這碗清燉牛肉麵，滑順夠味，伴隨九層塔香氣，肉質彈牙軟嫩，麵條更是軟中帶Q／2.在五南書局內用餐，是滿特別的美食體驗／3.座位區和展書區零距離，用餐之餘，挑本喜歡的好書慢慢翻閱吧

# 蔡家麵館

正宗北方口味 鍋麵，大碗公盛裝顯霸氣。

地址：屏東市勝利路328-1號 (屏東空軍基地前)
電話：08-766-4666
營業時間：11:00～14:00，17:00～20:00 (週日公休)
推薦必點：燴鍋麵、各式小菜)

　坐落於屏東空軍基地大門口前不遠處的蔡家麵館，只要用餐時間必是人滿為患。正統北方口味的燴鍋麵用大碗公盛裝，分量豪邁驚人，口味偏重。湯頭微酸，帶些嗆辣口感，神似酸辣湯卻沒有濃稠勾芡，裡頭放入蘿蔔絲、木耳、肉絲、高麗菜、蛋等食材，並加入一定比例的醋和胡椒調味，蛋香和菜甜一起在湯裡化開，整體風味鮮美。麵條吸收了濃濃的湯汁精華，入口滑順彈牙，而且越咬越來勁，再拿幾碟小菜搭配，既豐盛又美好的眷村滋味深深烙

在心尖上，對屏東在地人和鄰近軍營的國軍弟兄們來說，這是一家充滿回憶的麵館。

1.一碗讓屏東人魂牽夢縈、一吃再吃的燴鍋麵，色香味一次滿足／2.來這裡吃麵總會搭配幾碟適合伴麵的小菜，十足過癮／3.每到用餐時間，門口總是站滿等待叫號的人潮

# 老頭麵

濃重的眷村滋味，搭配半熟蛋湯才內行。

地址：屏東市自由路西段232號
電話：08-752-1151
營業時間：06:00～14:00 (週一公休)
推薦必點：麻醬麵、醉醬麵、蛋湯、小菜切盤

即使已過中午用餐時間，店內人潮仍絲毫不減，座位供不應求，我站在一旁等候空位時不禁好奇問起：「為什麼店名會取名叫老頭麵呢？」現任老闆娘笑笑地回說：「老頭是我媽媽(第一代老闆娘)對我爸爸的暱稱啦，久而久之就成了店名由來。」

店裡販售的麵食品項比起一般麵店來說並不多，但每樣都令人讚歎。麵條可挑選細麵條與手工粗麵條，我尤其偏愛手工粗麵條，口感更好又Q彈。麻醬麵以肉燥、豆芽菜、菜脯、青蔥花佐味，肉燥肥瘦適中，鹹香入味不油膩，拌麵幾下讓肉燥麻醬更均勻，攪拌過程中四溢著的濃郁醬香好挑逗人心，才吃一口就立刻上癮。醉醬麵的味道又比麻醬麵還更加濃烈些，口味偏重的醉醬非常鹹香可口、鹹味恰到好處不油膩，同樣搭配豆芽菜和青蔥花增添層次感，也相當受到歡迎。另外，熟門熟路的老顧客一定會夾一盤入味的小菜和點碗蛋湯，讓這

一餐更為豐富滿足。挖開半熟的蛋黃，汁液混著湯頭多了些許濃稠度，洋溢著淺淺蛋香，有獨特討喜的滑順感受，非常好喝！

離開前、原想跟店家要張名片，只見老闆娘愣了一下說：「我們連招牌都沒有了，怎麼會有名片。」這家傳統小麵攤儘管低調卻也經營超過40年，至今換過3個地方，早期曾經在鶴聲國小旁的眷村賣過一段時間，後來搬到自由路現址，位置並不醒目，只有遮雨棚上簡單寫著「老頭麵」3個字，從早上6點開門營業起，便陸續走進絡繹不絕的人潮，這裡也養成屏東人早餐吃麵的一種習慣了呢！

1.店內或門口騎樓下的座位常常被坐滿，生意真的很好／2.豆干偏嫩卻帶點彈性，味道很夠；海帶滋味酸甜；小黃瓜吸附著鹹甜醬汁，滋味爽口。小菜以盤計價，公道實在，而且盛裝分量讓人很滿意／3.隨乾麵會送上清湯，而我習慣點一碗蛋湯來配／4.早期從屏東眷村發跡的眷村美食，傳承老一輩的私房老滋味。老饕們大力推薦的麻醬乾麵，麵條上灑滿肉燥、豆芽菜、菜脯和青蔥花

# 港式餛飩大王

超大顆餛飩名不虛傳，每日限量新鮮現做。

地址：屏東市北平路11號 (與信義路交叉口)
電話：08-732-7380
營業時間：11:00～14:00，15:00～20:00
　　　　　(週六、日公休)
推薦必點：麻醬乾麵、鮮蝦餛飩湯、滷味小菜

　　相信大多數屏東市人都聽說過這家港式餛飩大王的響亮名聲吧！扎實飽滿的超大顆港式餛飩是店裡的金字招牌，有鮮蝦和鮮肉兩種口味，餡料天天新鮮現做，每日限量供應，賣完為止。麻醬乾麵和鮮蝦餛飩湯是我最熟悉的搭配，麵條有細麵、手工麵、板條、米粉可以選擇，我習慣挑選細麵，將Q彈不爛的細麵條拌一拌積在碗底的麻醬，十足入味，吃進嘴裡頓時被那股濃郁鹹香的味道吸引住，再把湯裡的餛飩拌進麻醬裡又是另外一種吃法。不是我在吹牛，生意有多好，來吃過就知道！店面位於信義路與北平路口轉角，只賣週一～週五，六、日兩天是沒有營業的喔。

1.我個人很喜歡將餛飩湯裡的大顆餛飩拌入麻醬麵裡／2.餛飩大到超過湯匙的大小，皮薄滑嫩，餡料扎實，鮮蝦餛飩裡還包了兩隻蝦子，用料新鮮實在／3.每當用餐尖峰時段，店前絕對停滿了機車，用餐區高朋滿座

# 楊家涼麵

以山東醋特調醬汁，掌握涮嘴開胃的關鍵。

地址：屏東市和平路26號
電話：08-753-7364
營業時間：06:00～13:00 (週一公休)
推薦必點：涼麵

　　從已經拆除改建的大武町老眷村搬移到和平路上現址，楊家涼麵一路走來30多年，早早奠定屏東市必吃美食之一的重要地位，不管平日還是假日，攤位前總是圍著正在等待的客人。美味祕訣在於楊老闆獨家研發出來的醬汁比例，秉持傳統作法調製，需淋上芝麻醬、山東醋、醬油、糖粉及香油等多種調味料混合而成，與Q彈緊實的麵條均勻攪拌後，色澤較為深沉，整體香濃夠味，並不會越吃越膩，鹹甜度拿捏恰到好處，其中醋酸味偏多一些，更加開胃，吃過的人統統讚不絕口。點盤涼麵再配上店裡免費喝到飽的味噌湯，是我在屏東市度過好多個炎熱夏天的回憶。

1.楊老闆30年青春都奉獻在這間店，女兒自研究所畢業後也回來幫忙，將美味繼續傳承下去／2.滑順軟Q的油亮細麵條，分量充足的小黃瓜絲和豆芽菜增添脆口度，再淋上濃厚的麻醬風味調醬，香氣四溢且十分清爽

# 第一次鐵路環島，
# 從老車站啓程。

2014年的夏天，暑假結束前三天，我買了一張開往竹田的火車票，迫不及待走進車站月台。過了四分多鐘，聽見鳴笛聲響起，這時稀疏人聲紛紛移往月台邊，看到火車緩緩進站後，我才起身上前，等在人群的後方。火車剛停下來，我朝著最近的車門上車，似乎正好是上下車乘客最多的一道車門，跟在一位帶著帽子、頭髮已趨泛白的伯伯身後進入車廂，車門也差不多在此時關上。

從屏東火車站啓程，沒有目的地。時間早上8點22分，火車準點開動，往南下。

這是一趟臨時起意的小旅行，出發時很隨興，我只想輕輕鬆鬆搭著火車看風景。但是沒想到，我人生首次鐵路環島旅行就這樣莫名其妙展開了，任由火車載著我推進每一站，整整繞了台灣一圈，最後回到屏東火車站，從那時開始，我愛上了坐火車旅行的輕鬆樂趣，也成了我最習慣的一種旅行方式。

隔年，市區平面鐵軌和屏東舊火車站接連被拆除。以至於往後的每一段鐵路之旅，我總會浮現第一次環島時的種種記憶，屏東火車站依然是起點站，亦是終點站，只不過已經被時代改變了它原有的容貌與風情。

# 漫遊城市風景

要發現城市裡最真實的樣貌，需要花費很多時間，也需要用心，我覺得「行走」是一種很棒的方式。

這幾年來我不斷走訪屏東市的大街小巷，試圖尋找城市真實的風景，一天天走著，次數已無法計算，時間一久也就變成習慣，常常沒有目的，只是單純跟著感覺往前走，漸漸也走出許多心得與感觸，更收藏了幾條一走再走都不會膩的散步路線。走路最有趣之處在於，我永遠不知道下一步會不會走進意料之外的街道，為著發現新的路徑而驚歎欣喜，因此，即便平時工作忙得多累多晚，我也一定會撥出時間去走走。

我喜歡的散步路線之一：從屏東現存唯一的一座屏東書院開始起行，繞過百年歷史的屏東公園，沿途樹影交錯，有水池、小橋、涼亭與綠樹所架構出的悠然美景，以及日式建築遺跡、古蹟阿猴城門，連接到濟南街上，一碗豆腐依舊座無虛席。用餐後，走到中正路上的屏東美術館，看看展覽，陶冶心靈。

這一天，我依循這條路線漫步，傍晚時晃到了屏東太平洋百貨，本想在誠品書店翻看書籍，沒想到竟然恰巧碰上某間學校的社團成果發表活動，平時不對外開放的頂樓戶外空間因此開放，便趁此機會到頂樓看看，果然，在頂樓看見的屏東市景非常不同，僅僅隔著鐵網，俯瞰市景的感覺真好！

屏東書院正門前加築一面照壁，照壁後側內嵌四塊石碑，記載著書院當年的重修歷程，意義不凡

註：參觀屏東美術館時，請先向館內志工詢問是否允許拍照，有時可能依展覽不同而禁止攝影。

1.屏東公園／2.欣賞一座城市可以有許多角度，我仍在發掘中／3.屏東美術館為屏東市民們開啟一扇藝術之窗，提供優質的展示空間。進入大門後，右側的101展區是屏美館最大的展示廳／4.一碗豆腐木作小攤子上放滿了許多小物及吊飾點綴，洋溢著濃濃的日本風味

# 在地小吃

無論酸鹹甜辣，鄉情是百吃不厭。

[ *Delicious Snacks* ]

　　午茶時間通常你會吃什麼？走進屏東市區，你會驚訝於台式點心的無窮搭配性，鹹甜酸辣都找得到，其魔性的魅力在於，這裡沒有「套裝」，不用再吃千篇一律的手搖飲和蛋糕餅乾，店家集數十年功力齊發，旗魚黑輪、鹹水、炸肉圓、手工麻糬等，樣樣精采，任君自由挑選搭配，無論如何也吃不膩、吃不完。

# Pulu 黑輪伯

新鮮自製的手工旗魚黑輪。

地址：屏東市斯文里公勤二街70號 (北區市場內)
電話：08-736-3926
營業時間：08:00～18:30 (週一公休)
推薦必點：旗魚黑輪、黑輪片、關東煮

最初只是一個在屏東縣立游泳池旁、簡陋鐵皮屋下的無店名小黑輪攤，後搬進北區市場巷弄裡，提供相當舒適又乾淨的店面及用餐環境，並正式取名為「Pulu黑輪伯」，將1977年開業至今的好味道持續下去。店裡的關東煮和黑輪炸物選擇性多，便宜又好吃。堅持不用回鍋油，旗魚黑輪每天以新鮮食材手工自製，令人安心。

我特別推薦本店招牌，就是將黑輪魚漿包在骨頭外面的龍鳳腿，小時候我媽都跟我說是小雞腿，也有人稱棒棒腿，口感扎實有彈性，外皮略微酥脆，淋上調製過的醬料後更能突顯美味深度，我從小時候吃到長大，味道都沒怎麼變過。另外，一定要喝店裡免費提供的關東煮湯和一瓶冰涼的冬瓜茶。

檯面上看到的炸物食材已經是可以吃的，想吃什麼就夾什麼

# 發財車湯旗魚黑輪

上百條旗魚黑輪一下午就賣光。

地址：屏東市福建路78號
電話：0925-057-739
營業時間：15:00～17:30 (賣完為止，週一公休)
推薦必點：旗魚黑輪、米血、豆腐、魚丸

1.下午進入福建路上，看見這台藍色發財車裡裡外外都是人的畫面已成我們這些老饕的回憶／2.鐵櫃裡的旗魚黑輪銷得很快，不論平假日，一個下午就賣光光／3.透著金黃色澤的旗魚黑輪，外表炸得油香微脆，扎實的旗魚漿味道十分鮮濃／4.旗魚黑輪包蛋才是經典！擠上醬料提升美味度

　　過去以一台藍色發財車停在福建路上做起生意，提起湯旗魚黑輪的資歷也是既久遠又出名，從湯老闆口中得知，這家店已經賣超過20年了呢。就在一年多前搬了新家，有自己的新店面，位置在發財車停靠的舊址正對面。下午才剛開賣，客人便一個接著一個上門，越來越多，過沒多久便人滿為患，張數不多的桌椅也很快滿座，聽說假日最快紀錄是不到下午4點就已銷售一空，想要吃的人手腳可得快一點。

　　老闆賣的品項其實很簡單，只有旗魚黑輪和關東煮，而關東煮也不過就米血、福州魚丸和油豆腐這3樣選擇，卻始終吃不膩，再來可別忘記免費供應的味噌湯，舀得到滿滿的白豆腐、小魚乾、青蔥花、柴魚片，料多味美。

# 傘兵旗魚黑輪
天然豆薯與蛋香打造誘人香甜。

地址：屏東市光復路207號
電話：0982-711-020
營業時間：12:00～18:00
推薦必點：旗魚黑輪、黑輪片、關東煮

當年傘兵退伍的老闆吳坤道，因緣際會和從事魚漿批發的許師傅手中學得製作黑輪的技術，每日選用新鮮旗魚搗漿，講求現做現賣，限量供應不放到隔夜。一支又一支分量扎實的旗魚黑輪皆以手工塑形而成，內餡包入水煮蛋，並加進天然豆薯，帶出柔嫩蛋香與獨特甜味，下鍋油炸後會再經過一道脫油程序減低油膩感，吃起來格外爽脆，外層香酥內裡緊實；不加蛋的黑輪片厚度可觀，咬勁酥脆，讓人吃得津津有味；另外食材豐富的關東煮也被稱是店裡招牌，最受好評的麻油米血則有阿嬤年代的老味道，千萬別漏吃喔！

1.開業已滿10年資歷，繪上傘兵圖樣的黑輪小攤子充滿軍旅意象／2.整支粗勇的旗魚黑輪以招牌椒鹽粉稍微提味，鮮美旗魚漿滋味絕妙／3.用麻油煨米血的烹調方式讓香氣更深，緊實口感很加分／4.關東煮的高湯是用蘿蔔、日本昆布和日本柴魚慢火熬煮8小時以上，並加進冰糖和鹽巴調製，味道鮮甜濃郁

# 退伍傘兵的
# 後生活

每天新鮮手作的旗魚黑輪供不應求

　　有天我的臉書粉絲團收到傘兵旗魚黑輪的老闆吳坤道發來訊息，開頭便是一句「謝謝你」，那時候他用個人臉書私訊給我，看著有點熟悉卻又想不起來的名字，一時之間對這句突如其來的感謝毫無頭緒，但是即使如此，我們竟也能先聊了起來，後來我才知道原來他就是「傘兵」的老闆，特別感謝我曾寫文章介紹他們家的黑輪，自那次對話牽起我們兩個人的緣分，和他成為了朋友。

　　吳老闆說店名會取作「傘兵旗魚黑輪」，除了自己是傘兵退伍之外，教他做黑輪的老師傅也曾是一名傘兵，而關東煮湯頭的熬煮祕訣還是透過傘兵同袍相助引進門，讓他時時刻刻提醒自己做生意的每一天裡都不能忘本，顯露著最動容的感恩之情。

　　2017年，老闆因長期製作黑輪造成手部受傷，必須停工休息復健，讓他不得不宣布暫停營業的消息，但閒不下來的個性竟促成他決定要走路環島旅行，毅然決然披上「看見屏東小鎮」的布旗走進台灣各鄉鎮，打算用他自己的方式讓更多人看見屏東，也藉此找回過去被消磨掉的工作熱情，逆時針徒步走了兩個多月，一圓多年來的環島夢想。旅途中碰到幾位曾經去過傘兵旗魚黑輪的客人給予打氣，也是他環島中有趣難忘的回憶。

　　在老闆環島結束後，用一個月時間重新布置和裝潢，店面煥然一新，重新開業，吳老闆依舊維持一貫穿搭，身著廚師服和迷彩褲，認真埋首在工作區，新鮮現做每條旗魚黑輪。往後幾次造訪，我都很期待再聽到老闆述說他那段環島過程中發生的溫暖故事與趣聞。

老闆環島72天的珍貴回憶布置於牆上

# 老夫子甜不辣

用一方自製醬汁讓甜不辣不再平凡。

地址：屏東市林森路98-1號
電話：08-732-2481
營業時間：10:00～19:00 (週四公休)
**推薦必點**：綜合甜不辣、龍鳳腿、蝦捲

1.攤子上的九宮方格內煮著米血、黑輪、油豆腐、魚丸、海帶……等十多種食材煮物，選擇性很豐富喔／2.獨家祕方醬汁滋味特別，沾著甜不辣非常對味，一吃難忘／3.可以試試把吃完甜不辣後還殘留醬汁的空碗拿去加些關東煮高湯，混合著醬汁的湯頭更加濃郁，溫熱香甜／4.位在百貨商圈的鬧區巷弄裡，被許多美食節目採訪過，名聲紅到外縣市去

　　若問起屏東當地人愛吃的下午茶店有哪些，那麼這家開業50多年的老夫子甜不辣絕對會出現在名單上。小小的攤子擺放於林森路上巷弄口，每天總是湧進絡繹不絕的客人，平日如此，假日的人潮更是誇張，時常需要排隊，想吃還得有耐心等待才行。店家對食材很講究，關東煮配料大多是自家手工製作，口感一級棒，再淋上獨家祕方醬汁，帶有十足甜味，風味無人可比哪！初次來訪可以吃吃看綜合甜不辣，由店家幫你搭配，我個人則很愛加點蝦卷與龍鳳腿，便宜又大碗，再配幾碗免費關東煮湯，就是屏東在地的下午茶吃法囉！

# 歸來大腸香腸

手工大腸與濃醇酒香的香腸堪稱絕配。

地址：屏東市歸仁路100-1號
電話：08-723-2267
營業時間：14:00～賣完為止 (約19:30，週日公休)
**推薦必點**：大腸香腸、關東煮

　　這裡是下午打打牙祭的好地方，店攤位在歸仁路這條小路邊，下午3點～5點多這段時間人潮最多，選擇性豐富的關東煮物很有看頭，幾乎人人都會夾一盤，以傳統腸衣手工灌製的大腸和香腸更是口碑保證，大腸裡包入花生和皇帝豆，增加口感層次，內層的糯米綿密彈牙，厚實飽滿；香腸有著濃濃的酒香，才咬下第一口便立刻飄了出來，吃起來不油也不膩，風味極佳。店家還會附上免費清湯，可以無限續喝，綜合來看CP值確實很高，怪不得在地老主顧一再好評回訪。離開前，我好奇問了老闆，

才知道已經賣超過30年了，老早紅遍屏東市大街小巷。

1.關東煮如菜卷、火腿卷、香菇肉丸等多種食材都是老闆娘親自製作／2.幾支黑輪、米血、丸子全吃下肚，好不叫人感到滿意啊／3.從側邊看看大腸的腸身，又厚又大，並加入酸菜、薑片和蒜頭齊來加持

# 大埔肉圓

每日現炒，慢火油炸肉圓更Q彈。

地址：屏東市忠孝路14-1號
電話：08-732-5761
營業時間：11:00～19:30 (週日公休)
**推薦必點**：肉圓、香菇肉羹

　　若想在屏東市吃到美味可口的油炸肉圓，這家大埔肉圓一定要去！現任第三代接班的陳老闆憶起：「最早大概是在民國34年時，從路邊擺攤起家，但其實那時候還沒有開始賣肉圓。」若從開始做肉圓算到現在，也已超過一甲子。強調用料新鮮天然，以慢火油炸出來的肉圓口感軟Q有彈性，餡料參有豬肉、筍丁、蝦米、油蔥酥等，並加入調味料且當天現炒現製，不論口味、香氣或口感層次的豐富度，在屏東肉圓界稱得上數一數二，很多老主顧從小吃到大，甚至一代接著一代死忠報到。其他像

是意麵、米苔目、乾麵、大腸、粉腸、香菇肉羹都很值得一試。

1.同樣用慢火油泡過的手工大腸也是基本必吃款／2.口感軟Q的肉圓外皮已被豐滿餡料撐開，咬起來乾淨俐落不黏牙，沒有多餘的油膩感／3.每來必點的香菇肉羹口感濃稠，味道清淡不太重口味，特別愛吃羹湯裡的肉條

# 大埔肉燥粿

秉持祖傳作法，以竹香炊製的肉燥粿。

地址：屏東市大埔里柳州街32號
電話：08-733-1491
營業時間：06:30～13:50 (不定休)
推薦必點：肉燥粿、米糕、四神湯、綜合拼盤(米糕+肉燥粿)

　　早餐吃肉燥粿，是屏東人津津樂道的飲食文化，因此來到屏東市，實在不得不提大埔肉燥粿超過一甲子的祖傳好味道。店面位置靠近柳州街和民族路口，從屏東火車站騎車僅約1、2分鐘，每回有外縣市的朋友來找我，我都會推薦他們來吃這家，不少外地饕客也慕名而來且一吃成主顧。老闆娘說：「我們不必做到多大，但一定要做到最好。」至今沒開分店也不擴大營業，就是為了更能確保自家純手工製作出來的肉燥粿口味不變調，品質如一。

　　將紅蔥頭、櫻花蝦、三層肉、蘿蔔絲等豐富食材拌炒調味後，倒入米漿與高湯均勻攪拌，再放入竹製蒸籠炊蒸，從備料到蒸熟、放涼，製作過程需經十多道繁複步驟才能完成，在堅持祖傳手工作法、講求天然、不添加凝固劑的條件下，製程相當費時費力，但唯有如此才能呈現出傳統的肉燥粿風味，六十多年未曾改變。

　　帶有些許竹子香氣的粿，口感香Q扎實，自帶彈性在口中嚼起來十分爽口，倒上調製過的醬料後魅力再提升，若再加些桌上的蒜泥，入口香氣會更帶勁。問熟客就知道，每日限量的肉燥粿相當搶手，想吃動作就要快！

1.米糕、滷肉飯、湯品和切料各有特色，可選擇綜合拼盤，滿足感更加倍喔／2.店面外觀／3.吃肉燥粿就是要搭配四神湯，堪稱經典又道地的組合吃法，超完美／4.嚴選蝦米與黑豬肉，米粒很Q也很香，不用淋上任何醬料，味道已經足夠

# 大埔炭烤大腸香腸

烤出香腸焦香卻一點不柴。

地址：屏東市信義路2號 (信義路與柳州街交叉口處)
電話：08-765-3269
營業時間：14:00～賣完為止 (約19:00)
推薦必點：大腸頭、大腸香腸切盤

這家炭烤大腸香腸攤沒有店名，卻在當地廣為人知，至今賣了好幾十年，每日純手工灌製的大腸香腸非常熱銷，由於限量供應，常常還不到營業時間結束就全部賣光光。以炭火烤出來的香氣相當吸引人。特別是他們將香腸一整串放上烤爐烤，而非切成一條一條的，這樣能讓頭尾熟度更均勻好吃。

香腸內裡肉質肥瘦比例恰恰好，表皮散發著炭烤過的濃郁焦香，口感扎實不柴，油質又多又香，不會太油膩，越吃越涮嘴。而同樣手工自製的大腸飽滿肥美，糯米綿密又軟Q，大口咬下去，厚實感讓人滿意，伴隨著花生提升香味。推薦來到這裡一定要點大腸香腸切盤，分量多CP值高！另外少不了要喝幾碗店家免費供應的味噌湯才過癮。

1.午後2點開始，遠遠就能聞到炭烤香氣，是當地人下午茶好去處／2.大腸頭超搶手，供應數量有限，食材處理很乾淨，外脆內軟，每口嚼來都好香／3.香腸瘦肉比例較多，肉質新鮮，炭烤味十足，配上薑片和蒜頭美味更加分；店家自製的手工糯米大腸，充滿炭香的腸衣富有嚼勁

# 大埔烤玉米

聰明搭配檸檬汁添清爽度。

地址：屏東市重慶路36號
電話：0952-911-129
營業時間：14:30～23:00 (賣完為止，週一～四公休)
**推薦必點**：烤土米

　　這家炭烤玉米攤飄香屏東市大埔逾50年，每個禮拜只賣五、六、日這3天，開賣時間還沒到就已早早圍著一群等待的人潮。檯面上每支玉米看來個頭都不小，品質良好，大小規格實在，店家會事先將新鮮玉米預烤過一遍，待客人點餐後，經第二次炭火烤熱，並塗抹一層又一層調製好的醬料，濃厚入味，焦深色香，看了令人垂涎欲滴。香氣四溢的烤玉米咬起來口感飽實，且因為會噴上些許檸檬汁，鹹甜醬汁中帶著微酸，清爽美妙的滋味讓人意猶未盡。

這可是屏東別處吃不到的烤玉米口味，廣受在地饕客口碑支持。

1.距離屏東火車站不遠，烤玉米攤位在重慶路上，相當醒目／2.光是篩選玉米就很講究，重質重量／3.厚厚的烤醬黏附於玉米表層，光看就食慾大開

# 歸來肉圓老店

用歸來特產的牛蒡做出獨家肉圓。

地址：屏東市歸仁路162號
電話：08-721-5852
營業時間：06:00～13:30 (不定休)
**推薦必點**：牛蒡肉圓、肉圓、豬血湯

　　從民國66年創立至今的歸來肉圓老店曾被許多電視節目採訪過，還有名人口碑推薦，讓小店名聲紅到外縣市去。傳統蒸肉圓一粒只賣10元，真材實料又很便宜，特別是結合屏東歸來特產的牛蒡，研發出獨家的牛蒡肉圓更是受到歡迎。因牛蒡產量有限及內餡需另外製作，較費時費工，所以每日限量供應。肉圓外皮用切好的牛蒡絲混合在來米和地瓜粉調製而成，餡料也用了牛蒡，與豬肉均勻攪拌，每一口都吃得到牛蒡的鮮甜香氣。外皮在軟綿口感中帶有些許彈度，加上清爽不油膩的醬汁，再灑一點香菜，調味樸實、老少咸宜。

1.牛蒡肉圓每天限量供應，時常幾個小時就賣光，就連平日都很搶手喔／2.豬血湯裝了滿滿的豬血塊，鮮甜脆口無腥味／3.店內總是門庭若市，一位難求

# 正老牌黃家肉圓

70年老店，純手工蒸肉圓。

地址：屏東市中正路172號
電話：08-737-5325、0932-790-723
營業時間：06:00～賣完為止 (中午有賣，不定休)
**推薦必點**：肉圓、豬血湯、豬皮

正老牌黃家肉圓位在屏東市中正路上，創業至今已有70年歷史，現由第四代接棒經營。最早期第一代老闆原本是挑著扁擔在屏東市區沿街四處叫賣肉圓，後來才在該店現址(當時為日本木造宿舍)擺放攤車，圍起籬笆做生意。而肉圓生意也漸漸變得穩定，直到日式木造宿舍拆除時，便貸款買下這塊地固定下來，長久以來養出許多從小吃到大的老主顧。

店裡雖然只販賣肉圓、豬皮、豬血湯和魚丸湯這4樣商品，但樣樣都是招牌，而且價錢十分便宜。承襲祖傳作法的純手工肉圓，將在來米磨成米漿並加入番薯粉，調和出Q彈滑溜的肉圓外皮，內餡包入新鮮又扎實的豬肉塊進行炊蒸，以手感控制，與機器做出來的是截然不同的口感，加上醬油、蒜泥及豬油調製而成的醬

汁浸泡入味，充滿南部道地特色的蒸肉圓便出爐了，風味清爽獨特，最後灑點香菜和蔥花，調味簡單傳統卻也使人一吃愛不釋口。

每每早上6點一開業，顧客便絡繹不絕前來，就為了吃上一碗肉圓，多數人會搭配一碗豬血湯或魚丸湯，給足一整天滿檔的精神元氣，而這份傳承70年的古早味也早已養慣了許多土生土長老屏東人的胃口。

---

1.正老牌黃家肉圓在屏東市區賣得有聲有色，因新聞媒體採訪報導，就連外地人也知道這一間喔／2.以大骨熬煮湯頭，豬血分量實在，帶有Q勁也很脆口，加了蔥酥、韭菜襯味，相當鮮甜，沾著醬油膏吃特別涮嘴／3.汆燙豬皮口感很彈牙，淋上一點點的醬油和蒜泥，滋味清爽好吃，內行人必點／4.肉圓皮Q餡香，隱約散發出來的蒜味也讓這碗肉圓多了層次感

# 林師傅烤肉攤

屏東肉食族宵夜激推。

地址：屏東市民生路4-3號 (民生路與香揚巷交叉口)
電話：0927-950-389
營業時間：18:00～凌晨01:00 (不定休)
**推薦必點**：烤雞腿、雞皮、豆干、培根串、黑輪、香腸

　　屏東大學民生校區旁邊有個開業超過30年的林師傅烤肉攤，是在地人與當地學生們很喜愛的宵夜名單，每晚經過這裡常會看到等待的人潮，不僅受到各大媒體採訪報導，聽說就連藝人Ella也是他們家的老主顧喔。店家親自挑選新鮮食材、醃製備料、調配醬汁與香料，每個細節都讓人感受到店家的用心。最厲害的部分，是混合醬油和麥芽糖調製出來的獨門烤肉醬，充分刷塗到烤物後，再放上烤爐以炭火燒烤，直到醬料收乾入味，過程中還會灑上風味絕佳的特調香料，火候掌握恰到好處，嘗起來

有鹹有甜，炭香十足，而這特殊的烤肉滋味也深深吸引住眾多饕客的味蕾。

1.烤雞腿是人氣招牌，外表油亮焦香，獨門的烤肉醬汁完全入味到雞肉中，太好吃啦／2.醬料刷得非常濃厚，但不會太過重鹹，甜鹹爽口。吃過一次林師傅的烤肉可是會上癮的／3.炭烤香氣不斷從小攤子裡飄出來

# 無店名蔥肉餅

蔥肉餅餡香味美，加蛋厚實夠分量。

地址：屏東市光復路207號 (大豐路和光復路口)
電話：0929-663-811
營業時間：14:00～賣完為止 (不定休)
**推薦必點**：蔥肉餅、蔥肉餅加蛋

　　沒有店名，連簡單放置在路旁的老舊招牌都不太明顯，靠著賣蔥肉餅這一味，已在屏東飄香近20年，老闆娘口頭是說每天從下午兩點開始賣，但我偷偷爆料小道消息，其實大約一點多就有得買囉！看到尺寸又厚又大的蔥肉餅在鐵板上煎到金黃酥脆，令人忍不住口水直流。可選加蛋或不加蛋，加蛋的口味會特別放入九層塔增添香氣層次。裡面充滿醬油膏與胡椒粉的鹹香滋味，混合著蔥香、蛋香、肉香和酥軟的麵皮香，餡鮮不膩口，任誰都抗拒不了這樣的美味啊！

蔥肉餅常常不到下午5點就會賣光，想嘗鮮請盡早前往。

1.仔細看，每個正被香煎的蔥肉餅都好厚實，若再加上煎蛋則更飽口／2.煎台旁放置雞蛋、九層塔和鐵盤上一顆顆的蔥肉餅原貌，每到下午時間賣出的速度非常快喔／3.小攤子位在屏東市大豐路與光復路交叉口的轉角處

# 愛家臭豆腐

用中藥材和蔬果純天然發酵製成。

地址：屏東市瑞光路三段158-1號
電話：08-738-7417
營業時間：15:00～22:00
　　　　（每月最後一個週六、日、一，連休3天）
**推薦必點**：脆皮臭豆腐、麻辣滷臭豆腐

「來屏東一定要試試這家超酥脆的臭豆腐，吃過一次絕對還會想再來吃！」我總自豪地對身邊朋友拍胸脯保證。以招牌「脆皮臭豆腐」賣出知名度的愛家臭豆腐，店面位在瑞光路上靠近瑞光夜市口，早年從小貨車販賣起家。每當高溫油鍋裡開始油炸起臭豆腐，又香又臭的獨特氣味立刻飄散馬路上，下午3點一開店就可見到人潮不絕而來，站滿門口等候，且不分平、假日皆是如此，不難想像它的高人氣。

這家的臭豆腐採純天然低溫發酵，老闆親自研發配方，選用20多種中藥材和蔬果製作釀成的汁液來醃漬臭豆腐，光是醃漬過程就需花上一個星期，目的是要讓中藥精華完全被吸收進去。炸足15分鐘起鍋後會快速瀝乾，因此臭豆腐外酥內軟，不僅爽口且不油膩，吃進嘴裡會感受到一股相當自然清爽的香氣。蒜泥醬料也是經過純天然的蔬果等食材發酵特調而成。用醬料填滿中央挖了洞的脆皮臭豆腐，再灑上些許香菜，並夾著酸酸甜甜的爽脆泡菜一起入口，絕對能擄獲愛吃臭豆腐的饕客們啊！

另外，麻辣滷臭豆腐和麻辣滷豆腐泡麵也廣受好評，浸泡在麻辣湯底的滷豆腐相當入味，吸飽香辣鮮美的滷汁，味道豐盈，辣度溫和不刺激，很值得品嘗看看。

1.來過一次愛家臭豆腐必定一吃成主顧／2.內用環境裝潢得宜，燈光明亮／3.餐檯上熬煮著麻辣滷臭豆腐的鍋底／4.每一塊臭豆腐都有驚人體型，天然蔬果發酵製成，口味獨特；外皮酥脆的臭豆腐咬起來卡滋作響，特調醬料布滿柔軟內層，搭配香菜與泡菜更是精采

老闆建議第一次吃可先不沾蒜泥和辣醬，
單純品嘗臭豆腐的原味

# 一碗豆腐

打破臭豆腐重口味成見。

地址：屏東市濟南街2-6號
電話：0916-199-318
營業時間：14:30～22:00
推薦必點：臭豆腐、白玉豆腐、玄玉豆腐

　　屏東縣立體育館旁的街道上有一個由老闆親手打造的木作小攤車，外觀充滿日式風格，入夜後呈現出一種日本居酒屋的氛圍。「一碗豆腐」這個店名取得很有意思，顧名思義，賣的就是豆腐類的餐點。這一家臭豆腐走的是清爽路線，打破我對一般台式臭豆腐偏重口味的印象。招牌臭豆腐外皮油炸到金黃酥脆，內層軟嫩，豆香十足，以微涼帶點酸甜的醃漬白蘿蔔片、紅蘿蔔片、薑片搭配，取代傳統高麗菜泡菜，淋上醬汁滋味獨特，口感超級讚！而精緻可口的白玉豆腐和甜到心坎裡的玄玉豆腐也都讓吃過的人拍胸脯推薦喔。店裡也貼心提供免費無糖麥茶飲品，可有效解除口中的油膩感。

1.路邊這台充滿日式風味的小攤車很容易吸引行人注意／2.設置在攤位一旁的國小課桌椅座位給人濃濃的童年回憶／3.玄玉豆腐是市面上少見的甜口味豆腐

# 元月一日，
# 豆腐嘗鮮記

跨年夜的隔天，本想一覺睡到自然醒，卻被一通電話從睡夢中叫醒：「哥，我等等要坐客運回家，你要來接我喔！搭上車會再跟你說時間，就這樣，拜！」我還沒清醒過來，睡眼惺忪，只來得及簡短嗯了一聲，電話那頭就已經掛掉了。跟朋友玩到快要天亮才睡，要不是我妹丟來這個任務，新年的第一天我肯定睡得一塌糊塗才是。

接她回家後，時間尚早，我看天氣也不錯，便決定出門走走，順道吃點東西，行經仁愛路上時，在仁愛國小大門口前，我忽然想起阿猴城門附近的一碗豆腐，便問她有沒

初來到這裡必先吃看看他們家的招牌臭豆腐

有吃過。她搖搖頭。機車剛轉進濟南街上，我自信滿滿地說：「妳一定會愛上這家的臭豆腐。」她一副半信半疑的樣子。

一碗豆腐小小的攤子前已經圍著人潮，生意一如往常的好。「好多人喔！」妹妹雙眼直盯著木作日式的小攤車，一臉新奇。客人大多會將車子停在攤子對面或是公園旁的停車格，在我去停車時，她已忍不住先一步過去了。來得早不如來得巧，正好有一組客人用完餐準備離開，我們隨即坐下，點了一碗每來必點的臭豆腐和一份「玄玉豆腐」，玄玉豆腐是新推出的口味，竟然是甜的呢！上頭擺滿花生顆粒、芝麻與煉乳，一入口立刻化開，層次豐富，兼顧視覺效果和味蕾享受。

妹妹邊吃邊高興地頻點頭，看來她很喜歡呢！印象中，第一次是和姊姊兩人一起來，妹妹那次沒有跟到，之後幾次我都是和朋友一起來光顧。

布置得很有文青風格的座位區

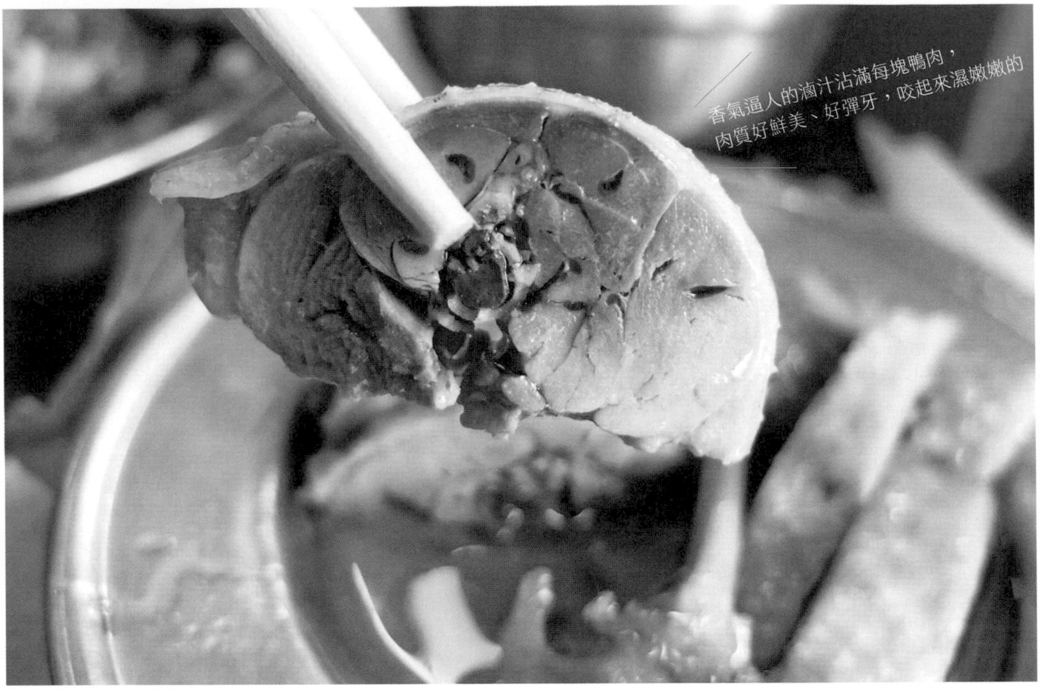

香氣逼人的滷汁沾滿每塊鴨肉，咬起來濕嫩嫩的肉質好鮮美、好彈牙，

# 侯家滷味 塩水鴨

家傳60年的塩水鴨權威。

地址：屏東市中正路169號
電話：08-732-4037
營業時間：08:00～19:00
推薦必點：塩水鴨、綜合滷味

位在中正路上這家老字號創店已有60年之久，第一代侯奶奶是道地南京人，做出來的塩水鴨特別有南京家鄉味。論名氣，它絕對是屏東市區賣滷味中的前三名，在地人就算沒吃過，也一定都知道這間店的名號。

本店最熱銷的招牌塩水鴨，處理過程費時費工，經過除毛清洗後，浸泡在多種中藥材和香料的調料中長達5個小時，還要再用高溫蒸煮，最後在鴨子內外層均抹上獨門調配的香料，每道程序馬虎不得，吃進嘴裡的塩水鴨越嚼會越香，肉質很嫩但又帶著彈性，口感與鹹淡度超好！吸引老饕不斷上門的還有各式滷味，種類繁多，任君挑選：鴨腸、鴨翅、鴨心、鴨腳、鴨舌、豬肚、豬舌、豬腸、豬頭皮、豬腳、牛筋、牛肚、滷牛肉等都很美味，而且聽説老滷湯汁僅此一鍋，外界可沒得學！

1.這份老滋味三代家傳，有口皆碑，還在網路宅配上打通銷路，網路訂單也是多到嚇嚇叫／2.滷味浸泡過獨門老滷汁，相當入味、鹹香交疊不會太油膩，而且每種滷料食材也都處理得很乾淨新鮮

# 大埔財大腸香腸

沙茶醬和甜味酸菜完美襯托大腸米香。

地址：屏東市成功路28巷27號
電話：08-734-7605
營業時間：11:30～21:20（週四公休）
**推薦必點**：大腸香腸、大腸頭

　　老闆從19歲時賣到現在，最早是推三輪車沿路叫賣，攤位前的舊招牌上還寫著36年，其實開店至少也滿40年了。招牌主打純手工大腸香腸有分切片和不切兩種吃法，香腸外皮微微焦脆，油亮扎實，內裡比例有肥有瘦，吃進嘴裡慢慢冒出一股很濃很香的高粱酒氣味；花生糯米大腸先烤再炸，嚼勁軟綿厚實。最特別的是這裡的大腸配的是沙茶醬，我很喜歡把香腸、大腸，附著沙茶醬和帶甜的酸菜，再加顆蒜頭，全部一口塞，口感與香氣多種層次一起在口中迸開，太夠勁啦！老闆一邊專注烤著香

腸，一邊還不忘提醒客人店裡有免費的味噌湯要記得喝。

1.糯米大腸配沙茶醬，酒釀香腸配偏甜的酸菜絕對是大埔財最獨到的吃法／2.限量大腸頭處理得好乾淨，沒有腥臭味，有豐富油脂，越嚼會越香喔／3.掛在烤台旁的香腸形狀歪七扭八，一看就知道都是手工做的

# 大埔松仔腳肉圓

外皮吹彈可破，扎實豬肉塊實在香。

地址：屏東市信義路45號
電話：08-765-3162
營業時間：06:00～14:00
**推薦必點**：肉圓每粒、魚丸湯、豬血湯

　　走進屏東大埔會看到一家超過40年歷史的大埔松仔腳肉圓，店家不僅低調少曝光，連知道的屏東在地人也都默默私藏，因為即使已經如此低調，從早上開門營業起一直到中午，客人便一個接一個絡繹不絕上門，此景可謂稀鬆平常。老闆娘說最初是在信義路與柳州街交叉口的轉角處起家，賣了約20年才搬到現在的位置。主要賣的是清蒸肉圓，肉圓外皮光滑柔軟，幾乎吹彈可破，包著口感扎實的豬肉塊，淋上調製過的鹹香醬湯，滋味鹹而清爽。

1.這一味是許多在地人從小吃到大的道地美食，歷經40多年仍經典不敗／2.滑溜溜的肉圓外皮，吸附濕潤的鹹湯汁，內餡肉塊不會乾硬，咬起來扎實彈牙

# 屏東麻糬嬤—
# 古早味素食麻糬

手捏麻糬人人愛。

地址：屏東市民權路43-9號 (近民生路郵局旁)
營業時間：09:30～17:00 (賣完為止，不定休)
**推薦必點**：綠豆麻糬

小時候我常和媽媽兩人去逛屏東市中央市場，從市場往民生路的方向有個單賣麻糬的小攤販，是我們熟悉的小點心。在地人稱「麻糬阿嬤」的李麗珠老闆娘，每天專注地在攤子上手捏麻糬，一直以來只有綠豆麻糬一種口味，堅持不添加防腐劑，對身體較無負擔。

麻糬外型呈長條狀，內層裹著綠豆餡泥，並舀入一匙匙的花生粉、芝麻粉和糖粉，外皮也會沾黏上芝麻粉、花生粉，綿綿柔柔的軟口感與花生粉、芝麻粉和糖粉的香氣層層融合，內裏搭上綠豆甜餡，清香好吃，重點是不甜不

膩，非常剛好。即使市面上麻糬口味選擇逐漸多樣化，我吃來吃去還是只對麻糬嬤手工現包的傳統古早味綠豆麻糬情有獨鍾。

1.只賣綠豆麻糬單一口味，現點現包／2.曾因新聞報導麻糬阿嬤抗癌賣麻糬的故事而聲名大噪，但在媒體來採訪之前，早已是人人熟知的小攤／3.每到下午營業時間，逛市場的人潮就會漸漸包圍小攤，耐心等候手工現包麻糬的美味

# 中央市場雞蛋糕

熱銷30年只賣一款雞蛋糕。

地址：屏東市杭州街2號 (中央市場圓環與杭州街交叉口)
營業時間：09:00～賣完為止，15:00～賣完為止 (分兩時段，不定休)
**推薦必點**：雞蛋糕

走進屏東中央市場圓環處時，會看到有個被等待人潮包圍的小攤子，賣了30年，始終沒店名也沒有招牌，到現在都還是只賣單一造型、單一口味的長條狀雞蛋糕，身為內埔人的涂老闆每天往返內埔與屏東市攤位，他說：「基本上是全年無休，但身體太累才可能會臨時休息一天。」涂老闆堅持製作純天然麵糊，絕不添加泡打粉等化學物，現點現烤，吃起來鬆軟綿柔，伴隨著香醇可口的奶油香氣，口感極好，引人回味無窮，經常吃也不會膩。這款便宜樸實又美味的解饞小點心，當然要推薦！每逢假日，涂老闆的太太也會在市場圓環的另一頭賣雞蛋糕。

1.看涂老闆手不停地持續倒著麵糊、翻烤、出爐、搧涼，再將雞蛋糕入袋，全部一人作業。攤位上只有一台鐵製模具，現烤現賣，一次最多能烤出8個雞蛋糕／2.經涂老闆細心烘烤，出爐一條條征服人心的傳統美味雞蛋糕

# 阿柳湯圓

用心研發，鹹湯圓裡包裹店家真情。

地址：屏東市信義路45號
電話：08-765-3162
營業時間：06:00～14:00
**推薦必點**：肉圓、魚丸湯、豬血湯

阿柳湯圓位在屏東市大埔老街上、信義路與貴陽街的十字街口，是有口皆碑的老字號，店裡的百年紅瓦片與紫檀桌椅、牆上幾幅老照片透露著濃濃的古早氣息。創始老闆娘蔡碧柳(阿柳阿嬤)自己摸索研發的鮮肉鹹湯圓讓這家店屹立40年，紅遍屏東大街小巷，至今還很熱賣，甚至拓展了宅配服務，讓身處異鄉打拼的遊子

們也能吃得到懷念的家鄉老味道。

阿柳阿嬤已高齡80多歲了，現也交棒由第二代接手，即使如此，偶爾還是會看到阿柳阿嬤的身影出現在店裡親自為客人料理。開業多年以來堅持純手工包製湯圓，外皮滑Q而不黏牙，湯圓深具咀嚼口感，配料選用較為柔嫩的豬胛心肉包餡，並加入獨家自製拌炒的蔥仔酥提升內餡層級，一口咬下，溢出來的肉汁香氣直逼人心，充分展現出自家鹹湯圓最獨特迷人的魅力。

1.2.老店面翻新裝潢過，座位更多，還裝設冷氣設備，用餐環境更加舒適／3.選用價位較高的豬絞肉結合自家手工炒製的蔥仔酥作為內餡，每口咬下都能感受到真材實料，但千萬要小心燙口的精華肉汁喔／4.湯圓外型略有不同，外皮不會太厚或太薄，口感特別軟Q，慢慢咀嚼著還能嘗出糯米的自然香氣

# 海豐肉粽

清晨飄香，水煮手工南部粽。

地址：屏東市金城街71巷2號
電話：08-736-7299
營業時間：05:30～賣完為止 (約18:30)
**推薦必點**：肉粽、碗粿、肉羹

靠近海豐國小後門口有家營業超過40年的海豐肉粽，作風相當低調，賣給在地熟客居多。店家每天早早約3、4點就要起床備製餡料，不僅肉粽、碗粿以純手工製作，連蒜頭都堅持自己手剝，過程著實講究。水煮手工的南部粽口味，米粒綿密Q彈，口感十足，包進豬肉、鴨蛋黃和大量花生，內餡豐富扎實，沾上花生粉和鹹香醬汁，吃起來特別有傳統古早味。除了品嘗好吃的肉粽之外，也要留些胃吃看看菜粽、碗粿、麵羹、肉羹、米粉羹等，同樣都是受到內行老饕們歡迎的好滋味喔！

1.碗粿食材新鮮，由於限量供應，銷售速度特別快，是附近學生、家長、老師們的早餐優先選項。店裡的招牌肉粽當然要吃！米粒又Q又香綿，口感恰恰好，不會太油膩，內餡也夠入味／2.肉羹湯頭口味偏甜，勾芡的黏稠度不會過頭，而扁魚片的提味讓整碗湯頭更鮮甜／3.位於小街道上實在很不起眼，我第一次來是仰賴路旁較為醒目的紅色招牌才找到的

# 阿良大埔白糖粿

季節限定！超人氣古早味茶點。

地址：屏東市重慶路71號
電話：08-732-8048
營業時間：14:00～賣完為止 (冬天限定)
**推薦必點**：白糖粿

阿良在屏東市無人不知，無人不曉，夏天賣著古早味傳統綜合冰，冬天除了有熱甜湯，還有賣一款讓在地人愛不釋口的特色小甜食「白糖粿」，價錢不貴，買越多還越便宜。將捏成長條狀的糯米糰油炸起鍋後，外表會裹著十足香甜的糖粒和花生粉，剛咬下會先嘗到外層酥脆細緻的口感，內裡如麻糬般的軟Q香綿，層次分明，由於是現炸好的，能享受到那股溫溫熱熱的氣息，風味更佳。每當入冬午後，只要攤子上出現阿良伯備料的身影，人潮也就陸陸續續從四面八方圍聚過來，不久便形成一條排隊人龍，這是屏東大埔季節限定的下午茶美食與美景。

1.便宜好吃的白糖粿充滿南部傳統特色，外酥內軟，又香又甜，一次吃兩個也不膩口／2.小攤子剛開賣，等候的饕客排隊排到馬路上去了，大家都知道晚來就賣完了／3.老闆阿良伯和奶奶兩人持續在攤位前賣力油炸著白糖粿服務客人

# 千馨養生飲品

**真材實料的現桿餅類點心。**

地址：屏東市廣東路87號 (廣東路814生鮮超市前)
電話：08-723-1336
營業時間：14:00～賣完為止 (週日公休)
**推薦必點**：豬肉捲餅、花生甜蛋捲 (均為一份兩捲)

下午時間行經熙熙攘攘的廣東路上，目光一定會被814百貨生鮮超市前的千馨養生飲品吸引住，攤子內每個人各司其職，桿餅皮、包餡料、煎餅、裝袋……，動作俐落熟練，迅速製作出豬肉餡餅、蔥烙餅、高麗菜盒、韭菜盒、九層塔蛋捲……豐富多樣的小點。我最愛的是豬肉捲餅，現桿的餅皮煎到Q韌十足，豬肉和蔥花給得又多又滿，裡頭的醬油膏及胡椒更是提味得剛剛好，透過重量就能明顯感受到這塊捲餅的分量與扎實度，一咬下，鹹香內餡直接塞滿口啦！可再配杯紅豆湯、紅豆薏仁或是冰糖薏仁，你將獲得滿滿的午茶幸福感！

1.利用芝麻粉協調花生粉甜度，讓每一份花生甜蛋捲展現恰到好處的香甜滋味／2.金黃可口的餅皮捲著豐滿的豬肉餡料和清脆蔥花，賞心悅目／3.被TVBS新聞台及美食節目採訪過，是在地家喻戶曉的名攤

# 榮記公園橋
# 鮮肉包專賣店

**鮮肉包內加蛋黃，皮厚屬扎實口感。**

地址：屏東市自立路245號
電話：08-722-6229、0910-755-464
營業時間：15:00～18:30 (週日公休)

萬年溪靠近橋邊的榮記公園橋鮮肉包，創立於民國68年，最早從公園橋頭開始賣，如今傳承至二代，仍延續傳統古早作法，堅持每日手工製作販售，維持食材鮮度與絕佳口感，許多好風評也隨之而來。目前賣著白饅頭、黑糖饅頭、包子、花捲和自家研磨豆漿，選擇性雖不多，卻能吸引客人一而再、再而三地光顧。其中鮮肉包最讓我推崇，內餡鮮美可口，以豬絞肉與獨門配方製成，加進蛋黃增添口感層次，包子的麵皮扎實，而且超厚一層，咬起來綿密飽口。我習慣會再買杯香濃滑順的豆漿一起享用，好度過下午茶的美味時光。

1.又被稱為萬年溪肉包，位置在自立路和金山巷交叉口處，正對面就是屏東醫院，只賣下午時段／2.因為是純手工捏揉而成，每一顆外型明顯不太一樣，不像機器產出如此制式／3.自家研磨的非基改豆漿，同樣也是每天現煮的新鮮貨，味道香濃芬芳，入口滑順

# 夜遊璀璨
# 萬年溪景觀橋

　　我心中的屏東市實在無法與夜生活畫上等號，這座城市的人們作息很規律，入夜後大約晚上9點已一片寂靜，幾乎聽不到人車的聲音，提到市區裡晚上適合遊玩的地方，一隻手就能數盡。今晚，我打算夜遊市區裡魅力最高的拍照打卡地標──萬年溪景觀橋。

　　萬年溪近年整治有成，水質淨化清澈，味道終於不再那麼不好聞，河川沿畔景致也耳目一新，大幅提升了居民的生活品質。景觀橋橫跨萬年溪，將自由路、自立路兩端的萬年公園與勞工公園串連起來，成為最新的觀光焦點。

　　眼前的萬年溪景觀橋，弧形的橋身彷彿一道華麗的銀白色天際線，

萬年溪景觀橋是屏東市區著名的夜遊地標

輕輕劃開屏東的夜空，非常美麗。建置於景觀橋上的雙翼造型，代表即將展翅飛揚的屏東城市，俯瞰時，橋梁形狀則宛如一對巨大的牛角，以「牛車掛」象徵屏東昔日辛勤開墾的精神。每到夜晚，景觀橋前衛流線造型的棚頂還會變換不同的光影色彩，耀眼奪目，呈現屏東市浪漫的一面，我看得如癡如醉。

萬年溪一帶最閃亮的焦點非橋上的遮蔭棚頂造型莫屬，無比華麗

# 屏東市首辦年貨大街

「屏東市首辦年貨大街市集，一定要去看看！」我媽聽到我這樣說，也表現出一副興致勃勃的樣子。當天下午，我們兩個人就騎著機車，往千禧公園去，打算提前感受年節氣氛。

真幸運！回到屏東生活的第一年，就遇上這場屏東市首次舉辦的年貨大街活動，市集連續9天，從早到晚擺攤營業，從年假前一直熱鬧到年假後，豐富了春節的樂趣。我跟著媽媽一攤沿著一攤逛著，有說有笑，享受二人世界。攤位中販售的東西有伴手禮、服飾精品類、手工藝品、農特產品及小吃飲料，我們吃了幾樣小吃滿足口欲，再到遊戲區看小朋友套圈圈、打彈珠，一旁公園有不少椅子，逛累了可以稍作休息。

往年在屏東，我很少參與這類型市集，這讓我想起小時候學校辦的園遊會。市集以小吃攤為主，商品攤、遊戲攤為輔，這次市集主題是「年貨大街」，所以有更多樣化的年貨讓大家探買，並結合地方風俗民情，以突顯在地性，為屏東帶來正面效果。首度舉辦春節市集，過年喜氣的熱鬧氛圍還不夠濃烈，我想，未來一定會越辦越好。倘若每年持續舉辦，事先結合商圈進行宣傳，並提升內容質感，未來很可能會是屏東地區最具代表性的年貨大街市集。

以往每到過年，我們只會在附近的市場零星採購年貨，選擇性不多，另外還有潮州市集，我沒去過，但聽媽媽形容，潮州春節市集已算是辦得有聲有色，儼然潮州鎮每年的傳統。南部最著名的年貨大街則是在鳳山三鳳中街，南北貨零食更齊全，總是擠滿熱絡的人潮。

在地小吃 ❀ *Delicious Snacks*

人潮不少，大人小孩都愛

屏時三餐
生活手記

# 冰品、飲品與甜湯

台灣特產天然涼感極品，一碗透心涼。

[ *Frozen Foods, Drinks & Sweets* ]

　　一杯透心涼的飲料或一碗冰，絕對是屏東戶外的必須品！屏東可說一年四季都像夏天，即便進入冬天，氣溫也比外縣市來得高，尤其盛夏時，走出戶外只消短短幾分鐘，已被熱情高掛的大太陽曬到汗如雨下。飲料和冰店在屏東人心中可謂舉足輕重，一杯甘蔗汁也許足以和「阿猴城」的地位畫上等號，還有青草茶、愛玉冰、和豆花，皆各有其迷人之處，想捱過日頭赤炎炎？那就得知道去哪裡「涼感」一下了！

# 紅茶老店

上等茶葉沖煮古早味紅茶。

地址：屏東市廣東路258巷28號
電話：08-737-3877
營業時間：11:00～14:00、16:00～19:00 (不定休)
推薦必點：紅茶、紅茶牛奶

1.老闆娘堅持使用自己製作的冰塊，飲品喝得更安心／2.店裡還有販賣綠茶、冬瓜茶、綠豆粉圓⋯⋯等其他茶飲，價格都很親民／3.如果是初次光顧，當然首推店家的招牌紅茶，另外，紅茶牛奶也可以試試，使用鮮奶而非奶精，比例恰到好處。仔細一看，每一杯紅茶上層均布有泡沫，好有古早味泡沫紅茶的樣子呢／4.小小的紅茶攤設置在自家外的騎樓下，裝潢擺設相當簡單，在市區廣東路巷子內默默賣了近40年，是在地熟客口中的隱藏版古早味紅茶

在住家外的騎樓做起飲料生意的紅茶老店，攤位隱藏在廣東路其中一條巷弄裡，招牌低調不顯眼，靠著喝了十幾二十年的老顧客們口耳相傳，經營已近40年。

「味道要我自己喜歡的，才會賣給客人喝。」老闆娘本身也很愛喝紅茶，一路走來始終如一，與一般市面上的連鎖飲料店製作方式不同，使用傳統沖泡茶葉的方式，每天親自用小火爐燒水沖泡茶葉，就像在自己家裡泡茶一樣，而且堅持選用成本較高的上等茶葉作為材料，不僅沒放香精等任何添加物，就連冰塊也是自己製作，兼顧衛生與天然。味道單純樸實，喝起來氣韻濃郁，微澀而甘醇，伴隨清淡的甜味，口感自然回甘，著實清涼解渴，讓人想一喝再喝。

# 屏東鄭火車頭甘蔗汁

原味不稀釋紅甘蔗汁。

地址：屏東市仁愛路118-1號
電話：08-736-3515
營業時間：09:00～22:00 (每月第二、四週的週一公休)
推薦必點：甘蔗汁、甘蔗牛奶、甘蔗檸檬

開了70年的屏東鄭火車頭甘蔗汁，是屏東老中青三代共同的成長記憶，店裡的主力招牌無疑就是甘蔗汁，選用成本較高的紅甘蔗作為原料，製作過程需經過繁複手續，堅持每樣飲品都不加冰塊也不加水稀釋、保留原味。喝下第一口甘蔗汁便能感受到蔗香甜味十分地濃烈純粹，口感滑潤具深度，這味道多年來都沒變過；另外，搭配檸檬原汁調配而成的「甘蔗檸檬」和風味濃厚的「甘蔗牛奶」，來此一定要試試，老闆親自保證喝過絕不會後悔。

1.連飲品封膜都有自家火車頭設計圖樣，展現老屏東的在地性／2.融入火車頭、鐵軌意象巧思布置的小攤子，位於仁愛路與勝利路口，主打的甘蔗汁非常熱銷

# 秋林牛乳大王

傳統冰果室，木瓜牛乳最熱銷。

地址：屏東市信義路28號
電話：08-733-9299
營業時間：10:00～22:00 (不定休)
推薦必點：木瓜牛奶、綜合冰

走進屏東大埔這家有口皆碑的50年歷史老店，會先被門口擺放著當季盛產的各種水果所吸引，維持懷舊傳統的冰果室氛圍，以新鮮水果現切現榨為主打，不加水和糖。其中以木瓜牛乳最為熱銷，選用屏東科技大學出產的鮮乳絕對是品質保證，木瓜和牛奶調配比例適中，喝得到濃郁十足的奶香，與木瓜的清甜滋味巧妙交融，入口濃稠滑順，還有純淨的甜味層層伴隨，感受特別舒服。

另外，老闆娘特別推薦綜合冰，又多又滿的古早味配料堆疊在挫冰上形成一座小山丘，還放上一顆鬆綿又香甜的蜜芋頭，分量好豐富，光是視覺感已經得到好大好大的滿足了，品嘗起來更是大呼過癮，特別消暑。

1.木瓜牛乳真材實料，很單純的香甜滋味／2.碰到南部炎熱天氣很適合來品嘗這家的綜合冰喔，料好實在／3.位於屏東市信義路與柳州街口，經過別忘了停下來買杯果汁喝

# 大埔松仔腳楊桃湯

古法煉製消暑解渴必備。

地址：屏東市信義路4-2號
電話：08-733-1668
營業時間：10:00～22:30 (不定休)
推薦必點：楊桃湯、楊桃片加湯

　　喝下一口楊桃湯，濃郁的果香在嘴裡完全釋放，口感甘醇，不澀不稀，爽脆的楊桃切片更是不得了，果肉多汁，酸甜回甘，還伴隨些許鹹香，滋味妙不可言，相當消暑解渴。店家精選屏東長治鄉出產的優質楊桃，秉持古法釀製，延續70年不變。若有機會走進屏東市大埔這一帶，別忘了要來大埔松仔腳楊桃湯，喝喝生津止渴的古早味楊桃湯喔！

1.楊桃汁入口很醇香清爽，涼度適中不會太冰／2.只要說到大埔老牌楊桃湯，在地無人不知，無人不曉／3.楊桃片處理得好，分量十足，就是這種酸中帶甜，甜中帶鹹香的滋味，抓住不少顧客的芳心

# 黃家木瓜牛奶

牧場鮮乳整瓶加，難怪香濃有味。

地址：屏東市柳州街12號
電話：08-733-4539
營業時間：09:00～09:30 (不定休)
推薦必點：木瓜牛奶、西瓜汁

　　因朋友推薦才知道原來屏東市區還有這麼一間歷史悠久的低調果汁老店，黃家木瓜牛奶早期在民族路與柳州街巷口賣茶飲，直到20年前才搬至現在的位置，沒打過廣告，也沒被電視媒體採訪過，在網路上的資訊少之又少，卻已經默默經營60年，幾乎只做本地人的生意，培養出許多從小喝到大的忠實顧客。

　　果汁甜度可以依個人喜好調整，無論是木瓜牛奶、蘋果牛奶、芭樂牛奶、酪梨牛奶等，可都是足足加了一整瓶酪農牧場瓶裝鮮乳，用料真夠重本，這絕對是小店能屹立不搖超過60年的祕密武器啦！喝起來確實又濃又醇香，口感特別不一樣，第二代的黃老闆說自己喜歡用好一點的東西，成本雖然較高，但這樣大家喝得也放心。特別強調製作自家果汁絕不會放不良化學添加物，講求天然。而且內用每杯的分量超過500c.c.，喝完很有飽足感。

1.透明櫃裡擺放多種新鮮水果／2.店家使用屏東六塊厝在地酪農牧場生產的瓶裝鮮乳，成本高、品質有保障／3.靠近杯口一聞，木瓜牛奶傳來濃郁奶香，入口厚實度很明顯，調配比例佳，木瓜味同樣夠濃，相當順口

# 無店名50年青草茶老店

散發天然古早味。

地址：屏東市民族路上北極殿對面
營業時間：夏天08:00～22:00，冬天08:00～22:00 (不定休)
推薦必點：青草茶

　　這間沒有店名也沒有招牌的青草茶小攤子，屹立於屏東市區民族路上已經超過50年之久，第一代老闆韓爺爺高齡83歲，從當兵退伍賣到現在，如今傳承給第二代，由爺爺的女兒接手，不過有時還會看到韓爺爺在攤子前為大家服務。用料實在，無不良添加物，多年來不曾改變過初始配方，光是多種青草藥熬煮就要花上2～3個小時，相當費時，也因為如此，才能將自家青草茶最棒、最天然的味道呈現出來。散發著天然古早味的青草茶很降火氣又解渴，清清涼涼的，風味好自然，非常推薦！

1.簡單擺設的傳統小攤子，延續著50年的好味道，賣的品項很簡單，只有青草茶、紅茶、冬瓜茶和檸檬水這4樣飲品，相當古早味　2.清涼爽口又退火的青草茶可是以冰塊降溫，保持新鮮度

# 歸仁陳青草茶

歸來車站周邊必喝。

地址：屏東市歸仁路36號
電話：08-722-7193
營業時間：07:00～21:00 (無公休)
推薦必點：青草茶

　　就連屏東在地人都不一定喝過這家歸仁(陳)青草茶，我也是某次參加歸來社區導覽體驗才知道它。沒有清楚的店名招牌，店裡兼賣生活雜貨和青草茶，長達50年的歷史，是歸來社區的隱藏版飲品。青草茶口味甘甜，冰涼好喝不會太苦。店面位於歸仁路上，距離歸來火車站步行只需要5分鐘左右的時間，每當我經過屏東大學附近，就會特地繞過來買杯青草茶回味，喝幾口便解熱退火，十分解渴。

1.號稱屏東最低調的青草茶店，知道的人並不多　2.青草茶喝起來清爽回甘，與台南青草茶常喝到的薄荷涼味大不相同

# 歸來社區的雞蛋花老樹

　　週末，我應邀參加了「驛遊日光城」的屏東遊程體驗，結合火車與鐵馬輕旅行，以低碳的交通方式，隨從導覽深度旅遊屏東市區、潮州鎮和歸來社區。遊程的最後，在屏東市歸來社區看見了一棵樹齡300年、長期被視為歸來精神象徵的傳奇雞蛋花老樹，老樹屹立於慈天宮媽祖廟前面的廣場上，慈天宮是歸來的信仰中心。

　　雞蛋花(大緬梔)一年四季盛開，散發淡淡清香。枝繁葉茂，我和一群地方記者、單車協會成員和幾位部落客們，在樹蔭下聽著地方居民的動人故事，享受著歸來的悠閒午後。

# 榮豐冰棒城

懷舊古早味冰棒盛宴。

地址：屏東市民族路224號 (北極殿對面)
電話：08-733-8656、0936-589-420
營業時間：08:00～23:00 (不公休)
推薦必點：酸梅冰棒、圓仔冰棒、花生冰棒、鹹蛋冰棒

屏東市區民族路上有攤店面不甚起眼、歷史悠久的老冰棒店——榮豐冰棒城，民國67年創立，現傳承至第二代老闆娘張瑞珍手上，秉持傳統作法製成一枝枝散發著古早美味的圓柱形狀的冰棒，亦研發新口味如鹹蛋冰棒，讓老滋味跟上時代的腳步，激發出全新體驗。

店裡的冰棒口味多達14種，不論是酸的、甜的、鹹的或是中式口味，統統都有，選擇相當多樣化，其中，米糕冰棒、花生冰棒、牛奶冰棒、圓仔冰棒、酸梅冰棒這幾款不僅老闆娘掛保證，也是許多熟客們口中相當推薦的口味。還是懷舊的古早冰吃不膩，我總習慣一次打包好幾枝冰棒帶回家放冷凍庫冰著，慢慢享受。多年來，每枝冰棒的大小與餡料都沒有改變，真材實料，店家還有提供低溫冷凍宅配，隨時想吃，不論在哪裡都能訂購。

1.店門外的走道擺設了幾張桌椅，常見人手一支冰棒，坐在椅子上愜意享用，假日更有外地人慕名而來／2.龍眼冰棒是店裡熱銷產品之一，每一口都吃得到冰棒裡層的圓仔與龍眼乾配料，感受到店家滿滿用心　3.鹹蛋冰棒是將新鮮鹹蛋、花生與牛奶融合製成，比例適宜，一口咬下還會有花生顆粒伴隨的層次感，美味難以抵擋　4.才吃第一口酸梅冰棒，眼睛瞬間為之一亮，那股酸酸甜甜的美妙滋味，很輕柔地在舌間飄湯，讓人魂牽夢縈／5.冰櫃裡堆滿圓筒狀冰棒，米糕、花生、芋仔、鳳梨是我最常吃也最愛的幾款口味

# 永安中藥房

老店長傳 60 年，青草茶味清甜樸實。

地址：屏東市和平路西市場雜貨部8號
電話：08-733-7717
營業時間：07:00～15:00 (不定休)
推薦必點：青草茶、養生茶

現經營永安中藥房的第二代老闆許世輝先生，從當兵退伍後傳承爸爸採集草藥的好本領，一學就是20年，還考取多張中草藥相關證書與執照，提及藥材辨識、成分、功效等專業問題，一點都難不倒他。據許老闆所說，早期是在成功路上的舊市場那塊區域開始賣，後來才搬到西市場內，至今走過60個年頭，頗具歷史價值。店家內外都放滿了新鮮青草和一包包的乾燥中草藥材，靠近店面就能聞到空氣中一股清清淡淡的青草香。

店裡不光販售草藥，還有熟門熟路的在地人才會知道的青草茶，經數個小時熬煮，清甜滋味完全釋放，入喉香氣傳統樸實。每天只營業到下午3點，常常中午剛過不久，冰箱中的飲料就已所剩無幾了。

當許老闆聊起過去跟爸爸外出採藥的那段年輕歲月，彷彿歷歷在目，儘管青草店行業逐漸走向夕陽，但老闆仍堅持想將自身青草經驗與文化世世代代傳下去，值得慶幸的是，老闆已將這門專業傳授給自己的小孩(第三代)，期許未來由兒孫接手。

---

1.微糖的青草茶風味平實，清甜自然，芬芳的青草香與微微的甜味相襯出簡單卻迷人的好口韻／2.永安中藥房是西市場少數屹立不搖的老店家之一／3.一瓶瓶青草茶與養生茶就冰在店門口設置的冰箱裡，瓶蓋有做記號分甜度／4.親切和藹的許老闆不吝嗇地與我分享藥草專業和自家故事／5.店內店外放滿新鮮青草和乾燥中草藥材

# 三埓半手作輕食霜淇淋

百變口味平價霜淇淋。

地址：屏東市福建路156-1號
電話：0981-529-016
營業時間：11:00～18:00 (週一公休)
推薦必點：玫瑰可可、美國甜橙

　　當三埓半從潮州鎮搬到屏東市區，立刻掀起一陣霜淇淋風潮，頓時成為身邊朋友拍照打卡兼吃冰的最夯選擇。位置離屏東車站不遠，穿過熱鬧的學生街，再彎進小條的街巷內就能發現這戶由老房子重新裝潢後的小店面，裡頭有很多公仔玩偶小物擺飾，增添童趣可愛的氣息。

　　三埓半以純天然手作霜淇淋為主，堅持不用市面現成的霜淇淋粉，親自挑選食材原料，每天新鮮製作。第一次吃到玫瑰可可和美國甜橙這兩種口味時，才一入口就讓我驚豔不已，味道不會太過濃郁甜膩，吃得出香醇清爽的好口感！每次來總會吃到不一樣的口味，老闆娘親切表示：「還沒有仔細算過，但目前至少已研發出將近百種口味。」最備受推崇的是用各種水果變化出各款自然果香的口味，樣樣風味獨特，非吃不可。

1.一天推出兩種口味，幾乎每天都有不同口味變化，假日或特殊節日還會遇上創意特別版喔　2.店裡有很多有趣的小物與插圖裝飾　3.每天早上新鮮手作霜淇淋口味，不僅費時費力，製作成本相對較高，剛吃第一口就能感受到他們的用心

# 薏仁伯豆花

以古法製成果然濃郁綿密。

地址：屏東市民權路63-1號
電話：08-733-3765
營業時間：10:30～22:00 (不定休，每週排休一天)
推薦必點：綜合豆花、薏仁豆花、花生豆花

　　在屏東市區不乏吃豆花的各種美味選擇，每間店都小有名氣，不過其中絕不能忽略的，便是這家鄰近中央市場、自民國60年起創立的薏仁伯豆花，是大多數屏東市居民最熟悉且熱愛光顧的豆花老字號。創始人就是大家所稱呼的薏仁伯，現交棒給第二代老闆葉振漢先生經營。最早期是在屏東民族路夜市裡的三角窗處擺豆花攤，直到民國86年才搬至民權路現址，店內保持傳統冰果室的氛圍，幾幅老電影海報襯托懷舊感，後方書櫃放置許多漫畫與雜誌書籍，我自己高中時期放學後常跑來這裡吃古早味豆花，一邊看漫畫書放鬆課業壓力。

　　由葉振漢老闆接手至今，維持老父親薏仁伯傳授的古早手

工作法，外表滑嫩細緻、豆香濃郁的豆花乃選用非基因改造的上等黃豆磨成，講求天然健康，絕無任何不良化學添加劑。舀起碗裡的豆花一入口，前一秒是伴隨著濃濃黃豆香味的綿密滑順口感，下一秒便自然地化開來，毫無豆腥味，口中留下的餘韻更加美妙，另外，甜糖水和各式鬆軟配料絕對是重要的搭配，能讓豆花的傳統風味更顯得豐富。

店裡可選擇只要單獨的白豆花或招牌薏仁湯，亦有紅豆、綠豆、薏仁、花生和綜合豆花等，口味雖不多，但每種都散發著古早味，而且每一樣配料都是葉老闆自己費時費力熬煮，選料上也十分注重，特別值得讚許。秉持這份用心，讓老店擄獲老中青三代顧客們的喜愛，一直是屏東市區豆花甜品超激推的選擇喔！過去還曾經接受過不少美食節目、報章雜誌採訪報導呢！

1.若是初訪，建議點綜合口味，Q彈的珍珠、小火燜煮至軟嫩適中的花豆和萬丹紅豆，這3種古早味組合最為經典　2.目前由第二代葉老闆和太太兩人共同經營，葉老闆白天主要負責煮料，而老闆娘會暫出獨自顧店　3.店內空間寬敞乾淨，陳設傳統簡單，老店即將滿50年囉　4.放置整櫃的漫畫書可以隨意翻看　5.薏仁豆花得到許多女性顧客們的喜愛，軟綿微稠的小薏仁入口即化，與質地滑嫩綿密的豆花搭配起來非常協調

# 菜寮豆花

單一口味照樣賣得嚇嚇叫。

地址：屏東市忠孝路84-1號
電話：08-733-3198
營業時間：週一～五10:00～18:00，週六10:00～15:00 (週日公休)
推薦必點：豆花、豆漿

若要用一個最貼切的詞形容菜寮豆花，絕對是「俗擱大碗」，這一點無庸置疑。店裡只賣豆花、豆腐和豆漿3種商品，口味好、價格公道便宜。這裡沒有市面豆花店常見的珍珠、紅豆、綠豆、薏仁等配料，只有豆花配糖水的單一口味，一整碗豆花拿在手中重量十足，店家會附上一包糖水，讓客人依照自己的口味喜好自行添加，豆花本身香氣濃，吃起來滑滑嫩嫩、綿密順口，與爽甜的糖水一起入口非常挑逗味蕾，一口再一口會很難停下來！

菜寮豆花遠近馳名，現在不必大老遠跑到高樹鄉的菜寮豆花總工廠去買，在屏東市區也吃得到，只是店面低調不明顯，且沒有內用坐位，大多數人會外帶回去，不過也有些人迫不及待地站在一旁吃了起來，可見這家豆花有多吸引人。

1.豆花品質好得沒話說，口感軟綿細膩，每一口都充滿濃郁豆香，即使不淋糖水也很好吃。香濃糖水一淋下去，甜甜的氣息瞬間釋放出來，和豆花吃起來非常搭配　2.拿在手上就很清楚知道這一碗豆花的驚人分量了吧！絕對夠2～3個人一起吃

# 源記冷飲店

天然手工米苔目是本店冰品靈魂。

地址：屏東市中正路332號
電話：08-735-0188
營業時間：10:30～21:00（週二、三公休）
推薦必點：招牌冰、綠豆露

夏天一到，吃冰的渴望也跟著出現，民國48年創立的源記位於中正路上靠近北區市場，站穩屏東在地人心目中最喜愛的剉冰地位。招牌剉冰淋上特製的二砂糖漿和綠豆露是其特色，有著獨特香甜風味，濃厚不死甜。豐富配料中有一樣是每天手工製作的米苔目，可說是這碗剉冰的靈魂，米苔目堅持不放隔夜，講求傳統天然不加防腐劑，吃進嘴裡滑順軟Q，用嘴唇輕抿一下就斷掉，十足討喜，與刨得細緻的剉冰混搭著吃，層次口感特殊，不愧為店家主打招牌之一。吃完冰品，我習慣會外帶瓶綠豆露離開，天然消暑又解渴。

1.招牌剉冰好大一碗，有獨門糖水和清爽甘甜的綠豆露加持，值得一吃／2.綠豆、紅豆、花豆、米苔目等配料都藏在冰山底下，以綠豆露和特製糖水調味冰品，味道很香

# 朱媽媽冰店

綜合剉冰料多實在，尚讚。

地址：屏東市林森路72號
電話：08-766-7911
營業時間：09:30～23:00
推薦必點：綜合剉冰

朱媽媽冰店開業少說也有20年了，位於屏東市林森路上，鄰近百貨商圈。每到夏天，等待的人潮排到馬路上去是很平常的景象。剉冰、雪花冰皆賣出良好口碑，大碗平價的綜合剉冰是饕客最愛，放入將近半碗的數十種豐富選料，有精心挑選的鳳梨滋味酸甜帶香氣、鬆綿口感的大塊芋頭、偏Q彈的湯圓、滑嫩咕溜的粉條，還有每天費時熬煮的豆類，顆顆飽滿不軟爛，再蓋上又厚又高的剉冰，吃完不僅超清涼，還會有滿滿的飽足感喔！

芒果雪花冰和芒果剉冰也是這間店的人氣品

項，店家人員在餐檯上現削一塊塊新鮮芒果，讓人看得口水直流。

1.櫃檯處擺放了十幾種冰品配料，各個極具水準／2.想不到平常日下午時間也會出現排隊人龍，天氣炎熱時若想來此吃冰，只好乖乖等待／3.光看到剉冰上桌暑氣已消了一大半，淋上稍甜的糖水，很符合南部人的口味

# 嘉樂豆花

傳統古早味豆花，冷熱甜湯都推薦。

地址：屏東市林森路80號前(與民權路交叉口處)
營業時間：09:30～21:30(不定休)
推薦必點：珍珠豆花、花生豆花

　　嘉樂豆花是在地人都很熟悉的老味道，斑駁的招牌、僅有簡單擺設的小攤子已在屏東市區百貨商圈的林森路與民權路口轉角的騎樓下長達20年，賣的是口味傳統簡單的甜湯和豆花。詢問過老闆及老闆娘夫婦倆，一年四季都有在賣，薏仁湯、紅豆湯等甜湯飲品，冷熱都有。豆花口味可依個人喜好自由搭配，糖水給得多，但甜度和豆花比例頗為適宜，吃上一碗，香醇甜口，不停觸碰到舌尖的濃濃古早味，成為我難忘的美食記憶。

1.珍珠豆花甜而不膩，Q彈不太黏牙的珍珠與糖水豆花相襯，香甜爽口／2.豆花口感偏綿實，入口滑順舒服，香濃軟嫩的花生伴隨豆香十足的古早味豆花，還真讓人滿意呢

# 華記薏仁豆花

推薦料好實在的綜合豆花。

地址：屏東市廣東路606號
電話：08-736-1368
營業時間：10:00～22:00
推薦必點：豆花(珍珠+綠豆+薏仁)、豆花(珍珠+鮮奶)

　　廣東路上美食小吃林立，是市區居民覓食的好去處，華記薏仁豆花就位於此。綿密滑順的豆花富有濃郁傳統的古早味香氣，凡吃過都讚譽有佳，還有自家嚴選熬煮的紅豆、綠豆、花豆……等各式豆花料可以挑選，不用擔心吃到不良食品添加物。豆花搭配綠豆薏仁尤其高人氣，而我很推薦可以自選3種配料的綜合豆花，口感更豐富。

　　鮮奶珍珠豆花則讓我倍感驚喜，香Q彈牙的珍珠與古早味豆花一起入口，整體又濃又純又香，特別滑順消暑氣。冬天除了熱豆花，還會推出燒仙草和綜合湯圓，都是老饕們口碑保證的季節限定美食。

1.我的綜合豆花會選擇綠豆、薏仁、珍珠這3種配料，綠豆煮得軟嫩透徹，粒粒分明的薏仁和Q彈的珍珠搭在一起，有多重層次／2.每口都充滿濃醇香的鮮奶珍珠豆花，超解暑氣，是店家推薦的豆花口味之一

# 屏東舊火車站

　　這是最後一次站在屏東舊火車站裡了，53歲的舊火車站即將走入歷史。大學4年加研究所2年，我搭乘火車往返屏東和學校的次數數也數不清，總在回鄉的火車上打起瞌睡，火車行經高屏溪時，我就會自動醒來，並在列車前往下一站六塊厝時，撥通電話聯絡家人。只要從車窗一看見正通過平交道，就是該起身往車門口移動的時候。每次走出車站外，總習慣深深吸一口氣，是只有屏東才有的熟悉的氣味。

　　車站即將被拆除的消息傳開後，聚集車站前拍照的人多了許多，我能了解，大家都想捕捉屬於我們這個時代的回憶。我也不例外，舊火車站裡裡外外，每個角落我都不放過，總想多看一眼，懷舊十足的鵝黃色站體、鋸齒狀屋簷下的等待場景，都是屏東舊火車站的特色。踏入被淨空的舊站房大廳，剪票口處不見驗票人員身影，售票口與我之間相隔著圍籬，身旁擦肩而過的腳步聲匆匆忙忙，多半是急著趕往新車站月台搭車的乘客。我忽然想起，這裡原本應該有一間鐵道故事館才對！猶記得去年還在鐵道故事館將刻有屏東舊火車站圖樣的印章蓋在手背上，以紀念我的第一次鐵路環島旅行。

　　拆除舊車站固然令人感到不捨，若換個角度想，有幸能見證家鄉歷經時代改變，走進新的里程，也很值得。「再見了，屏東舊火車站。」我不捨道別。

冰品、飲品與甜湯

*Frozen Foods, Drinks & Sweets*

# 下午茶特選

手藝結合城市文化，寫下各自鄉情故事。

[ *Afternoon Tea* ]

喝咖啡已成生活中理所當然的習慣，食旅屏東的這幾年來，我跑遍屏東市各家咖啡館，每當工作中累積過多壓力時，就想找個地方坐坐，喝杯咖啡喘口氣，搭配手作甜點、異國風味鹹派或是豐美拼盤，享受著下午茶時光。屏東市的咖啡館雖沒有外縣市那麼多，可每家都有著珍貴的動人故事，營造出這座城市裡獨有的咖啡風氣與文化。

# Bonbon Café 棒棒糖咖啡

手工甜點配自家烘豆咖啡。

地址：屏東市建豐路253巷15號
電話：08-738-8812
營業時間：09:00～21:00 (週二店休)
推薦必點：巧克力冰沙、黑咖啡、蔓越莓起司蛋糕

　　Bonbon Café棒棒糖咖啡不僅位在巷弄之中，且周遭都是社區民宅，甚為低調，由加拿大籍的Ken和在屏東出生的Anni夫妻倆一起經營，舒服自在的居家環境裡繚繞著濃郁的咖啡香氣，是一處在工作空檔之餘休息片刻，或是放假與朋友相約小聚的好地方。來到這裡除了喝看看自家烘焙的莊園級咖啡，透明展示櫃裡的鹹派、蛋糕、法式點心……等手作甜食也值得一嚐，皆出自老闆娘Anni的細膩巧手，不僅用料實在，還有許多道地的外國經典甜點，口感、味道都非常棒，一吃就會讓人著迷，身為甜點控肯定難以抗拒。

1.店裡內外的裝潢全由Ken一手打造，營造出讓人放鬆品嚐咖啡和甜點的氛圍/2.吃過一次就難以忘懷的蔓越莓起司蛋糕，是熱銷款，比例拿捏剛剛好，綿密口感讓人很喜歡

自家烘焙的咖啡香氣獨特，
黑咖啡、拿鐵和巧克力冰沙
都是我常點的品項

仲夏野莓起司蛋糕賣相精美，
濃厚的乳酪香和酸甜有味的莓果結合，
吃完口齒留香，難以忘懷

# Antigua Cafe
# 安堤瓜咖啡

巷弄轉角處的小歐洲。

地址：屏東市民享一路174號
電話：08-721-5363
營業時間：08:30～17:00 (每週一及月底週日、一連休)
推薦必點：仲夏野莓起司蛋糕、安堤瓜手工特調(熱)

　　幾次和國高中朋友相約敘舊，就是選在Antigua Cafe
度過。這間店從2000年創立至今剛好滿20年，是在民
享一路與民貴三街交叉的三角窗店面，店內裝潢展現
出歐式的風格，仿舊的窗框設計、挑高寬敞的空間格
局、許多復古小物件及特色商品點綴，木頭色系家具
的質感與溫度，既療癒又舒適。

　　店內提供早餐、早午餐、午餐、咖啡和飲料，且是
用虹吸式手煮咖啡的作法，讓濃濃咖啡香氣飄散於空
氣中，不要光只喝咖啡，來份鬆餅、一塊起司蛋糕，
或是一道充分飽足的三明治餐點，就能輕易找到生活
在屏東獨有的慢活態度。

1.保持原有房屋的建築格局，木質感的陳設與窗
框、燈具、老物件搭配，宛如置身歐式復古懷舊的
電影場景裡 2.冬天喜歡喝杯溫熱醇香的安堤瓜
手工特調，依獨特配方比例混合，酸質與苦度柔
順，醒腦有精神

87

# Eske Place Coffee House

紐澳鄉村鹹派盡顯異國風情。

地址：屏東市民享路142號
電話：08-722-6266
營業時間：08:00～17:30
推薦必點：美式黑咖啡、Eske Place鄉村鹹派

Eske Place Coffee House位於民享路與民貴三街交叉口轉角處，自2011年以來，好風評不脛而走。喝得到紐澳風味的濃醇咖啡、多款異國經典鹹派、紐西蘭的傳統甜點，以及結合屏東道地食材的手工甜點，完全征服眾人味蕾。推薦Eske Place鄉村鹹派，內餡有水煮蛋、南瓜及新鮮蔬菜等，淋上自製番茄沾醬，餐點部分還會搭配新鮮的綠色蔬食沙拉佐特調油醋醬，分量充足兼顧營養價值。

擁有國際咖啡師認證的老闆Tony也是位屏東人，過去在紐西蘭長大、念書、生活、工作長達十多年，返鄉後和太太兩人在屏東市創業開設咖啡館，就連店名也選用了當時住在紐西蘭的街道街名，店內無論擺設、布置都讓人宛如置身異國鄉村風情，整間店充分表現出紐澳特有的咖啡文化與精神。

老闆Tony的手沖咖啡技術很好，甚至吸引國外的旅客千里迢迢聞名而來。一邊喝咖啡，同時還能向Tony請教有關咖啡豆或咖啡器材等的專業知識喔。

1.Eske Place鄉村鹹派是紐西蘭咖啡廳必備餐點之一／2.美式黑咖啡表層的紋路頗具美感，咖啡香濃，口感極佳／3.拿鐵以自家比例配方與牛奶巧妙融合，完美詮釋，若再加15元還能選擇榛果、焦糖或香草任一風味。還有羊國小白咖啡，點購率更高／4.木製裝潢陳設賦予溫馨感，讓人不自覺心情放鬆

# 在屏東市巷內
# 初遇紐西蘭街道

聖誕節前夕，我和姊姊兩人騎著機車繞到以往從未走過的民享路上，這是一條住宅區中的單向小路，路口鄰千禧公園，原本，若不是這一帶的住戶，平時應該不會刻意走進這裡才對，不過近幾年開始有許多特色小店進駐，引起十足話題，走上民享路的人和車，很明顯漸漸變多了。

這天，我們在街角初次遇見了Eske Place Coffee House咖啡館。悠揚的樂音在進門後輕輕傳來，伴著室內暖暖的溫度，以及鹹派與甜點、咖啡的美好香氣，無不讓我們感到驚喜特別，對店裡每樣事物都有了探索的興致。這間店的一切都是老闆與老闆娘夫婦倆的巧思與細膩巧手，無論是餐點的味覺、嗅覺，抑或裝潢布置的視覺感受，都充滿了豐富的異國情調，讓來客對於在紐西蘭那條眞正的Eske Place街道，產生憧憬及想像。

我們打算用一杯咖啡的時間偷閒一下，就在咖啡入口的那一刻，城市與城市間遙遠的距離似乎也感覺近了些，果然是一間有魔法的店啊！自從那天之後，只要週末一有空檔，或是工作時感到疲倦、想一個人偷懶片刻時，我就會來Eske Place Coffee House品嘗下午茶，待著待著，就是半天，也許更久。

聖誕節期間，門口的布置洋溢著濃濃的聖誕氛圍

店裡裝飾著街道牌造景，讓人忍不住想拍張照，彷彿走進異國街頭

# 順順堂

復古日式老商樓翻新傑作。

地址：屏東市福建路53號
電話：08-732-0013
營業時間：週一～五11:00～22:00，
　　　　　週六～日09:30～22:00（週三、四公休）
推薦必點：綜合甜不辣、龍鳳腿、蝦捲

結合咖啡、飲食與閱讀3個主軸元素的順順堂是老屋翻新後的傑作，位於福建路與杭州街交叉口轉角，十分醒目。這棟日式老商樓原本的建築結構與格局被完整保留下來，重新裝潢粉刷後，用舊沙發、舊窗櫺、舊鋼琴、舊電扇等諸多老物件擺設，來襯托原有的木櫃、老磁磚、洗石子地板、和室座位區，搭配木質元素與鵝黃光吊燈的細膩點綴，營造出溫暖而濃厚的早期傳統店家氣氛。

可頌餐拼盤有鮪魚、火腿和燻雞3種口味，搭配生菜沙拉、水煮蛋，還有甜點咖啡凍，十分豐富。甜點也令人驚豔，其中，焦糖烤布蕾、乳酪蛋糕、乳酪派、蘋果派這幾樣口味都很暢銷。點一杯咖啡，靜靜讀一本好書，原來屏東市的下午也能過得如此簡單愜意。

1.2.3.老屋咖啡廳為屏東市區注入一股獨特的生活能量／4.享用可頌餐拼盤，再點杯我愛的抹茶拿鐵或綠奶茶，享受悠閒下午茶

# 飛夢林青年咖啡館

為中輟青少年成立的夢想園地。

地址：屏東市中華路80-2號
　　　（屏東公園內、太平洋百貨斜對面）
電話：08-738-0518
開放時間：10:00～21:00
推薦必點：法國鹽之花拿鐵、柳橙微氣泡冰飲、
　　　　　水果香草冰淇淋鬆餅佐蜂蜜漿

店名「飛夢林」諧音為family，是家人也是家庭，取名充滿溫馨感。不同於一般咖啡館，最初成立是以社會企業模式經營的青年咖啡，提供弱勢青少年工讀機會、輔導中輟生培養技能並協助重回校園就學，相當有意義。這裡提供各式定食特餐、手作披薩、鬆餅、鹹食、甜點、咖啡、冷熱飲……等，選擇性不僅多樣，販售的咖啡飲品皆為現沖現泡，堅持選用新鮮烘焙的咖啡豆，也曾請到專業的烘焙師傅教導店裡員工烘焙的技術，製作出來的點心水準也很高，精緻美味。在屏東公園散步若走累了，不妨到飛夢林青年咖啡館喝杯咖啡，並嘗一份下午茶點心。

1.咖啡館坐落於屏東公園內，窗外是一覽無遺的盎然綠景，門前有一棵百年玉蘭花老樹／2.牆面一隅，留言板上貼滿寫了鼓勵的字條，令人感動／3.法國鹽之花拿鐵上面有可愛的拉花，我好喜歡／4.水果香草冰淇淋鬆餅佐蜂蜜漿，香醇濃郁的香草冰淇淋，鬆餅酥綿鬆軟，淋上蜂蜜漿好好吃

# Lili手作烘焙

手作烘焙進駐紅磚老屋。

地址：屏東市空翔里永城16號
　　　(勝利路丹丹漢堡旁巷子進入)
電話：08-765-7020
營業時間：09:00～18:00(週一公休)
推薦必點：各式手作烘焙麵包、古典巧克力蛋糕、
　　　　　Lili特調風味拿鐵

　　自2014年開幕，老闆娘Lili帶著手作烘焙的美味入駐這間紅磚老屋，保留了矮房子原本的格局，裝潢布置給人如家一般的舒適溫馨氛圍。熱騰騰出爐的手工烘焙麵包，每天限量製作供應，秉持真材實料，使用新鮮食材無添加物，而樣式和口味不時會有變化，充滿驚喜感！

　　店裡另供應咖啡飲品、輕食套餐和蛋糕甜點等，不論是吃早午餐、正餐或下午茶都很適合。找一天來這裡，點一份古典巧克力蛋糕配香濃順口的Lili特調風味拿鐵，暫時拋開城市喧囂，品味老屋氣質，享受生活中平凡而幸福的下午茶時光吧。

1.陳舊斑駁的磚牆，古色古香的店面外觀，吸引許多人不自覺想走進店裡坐坐／2.古典巧克力蛋糕香甜細緻，慢慢咀嚼，口感綿實卻帶著幾分鬆軟度，一吃著迷／3.自家比例特調拿鐵，喝起來不會太甜，風味濃郁，很順口／4.櫃檯上擺放著各式各樣的麵包和甜點，堅持每日新鮮手作烘焙，好味道不知抓住多少人心

# 懷念熟悉的咖啡香

有日從台南結束工作回到屏東市，我不急著馬上回家。晴空萬里的好天氣，何不把握？至於要去哪裡……似乎不這麼重要。

我先往鄰近火車站的P-BIKE租賃站牽一台車，而後，穿過永福路段鬧區，繼續沿著中正路，踩著暖風緩速前進，欣賞沿途街景。最後停在卡菲小食光咖啡館的店門口，心想：「喝杯咖啡吧。」

走進店內，發覺環境擺設有了更動，不過整體氛圍和空氣中漫著的咖啡香依舊和諧對味。拿了菜單隨後入坐，習慣性先從包包裡取出筆電打開，才開始點餐，照舊點了一杯熱拿鐵。待咖啡端上桌後，拿起抿過一口，感受溫醇的香氣，思緒逐漸緩和，每當靜下心來，想寫文

似乎是環境氣氛和咖啡香氣醞釀使然，待在這裡常使我獲得好多寫作上的靈感

章的情緒才會出現。店裡播放著英文情歌，我的腦海中，行行文字也翩翩起舞，這真是今天最棒的開場，我全然沉浸於部落格的世界中，並記錄下這一刻。

寫書這一年，原想再訪此店，才得知店家結束營業的消息，無奈只能從書單中拉掉，而我珍藏的店內小物的照片與美好體驗，則私心想在此篇中與各位分享。

美式鄉村鐵製工業風總能深深吸引著我

隨處可見一些鐵件小物裝飾，細細感受店家營造出來的氛圍

# 餐廳與火鍋

丟係愛逗陣，團聚一年不只一兩次。

[ *Restaurants & Hot Pots* ]

　　逢週末團聚用餐，不論是家族成員慶生飯局、或是三五好友死黨打屁聊天、同事之間相約聚餐，首要之務就是找到用餐地點！屏東市各家餐廳的元素非常多元，特色分明，且美味度與質感皆不輸人，本篇選出軍事主題、日式風味、眷村改造、老屋建築、庭園造景、藝文複合式等多樣特色店家，定能找到滿意的選項。此外，還有數家鮮少名人推薦和節目採訪，但人氣始終居高不下的火鍋店，皆是為愛吃美食的街坊鄰居而生，真材實料，充滿濃濃的在地情感。

# 麗貞館軍事主題餐廳

## 吃部隊鍋，體驗軍服變裝樂趣。

地址：屏東市康定街6號
電話：08-732-4554
營業時間：11:00～22:00
推薦必點：野戰體驗套餐、單兵鍋物－韓式部隊鍋

麗貞館軍事主題餐廳有日式老屋的特色，同時散發出濃濃的軍事風情與眷村文化。老闆張聿中先生出身於軍人家庭，自己也是軍人退伍，如今是一位軍事迷，餐廳內展示美、英、法、韓等各國軍事用品及武器裝備收藏品，如果白天來到這裡，會看到戶外區還設置野外指揮所的軍事造景，提供客人變裝拍照，增添樂趣。不光這樣，從菜單、餐巾紙、用餐區域及餐點，如美軍顧問豪華套餐、野戰體驗套餐、單兵鍋物等，整間店都符合軍事主題，種種巧思設計，滿足對軍旅文化的想像。

一開始聽到「麗貞館」，還以為是跟某件歷史軍事戰役有關，其實張老闆是以妻子的名字命名，不僅看出老闆對這家餐廳的重視程度，也有幸福浪漫的成分喔！如果初次來訪，對店裡展示的軍裝配件感到好奇，不妨聽聽談吐風趣的張老闆娓娓道來自家珍藏，每件軍物背後都有故事，介紹生動而富有知識性。

1.麗貞館是屏東勝利星村裡評價很高，且話題獨特的軍事主題餐廳／2.琳瑯滿目的軍服收藏，經張老闆同意，都能拿來變裝拍照過過癮／3.張老闆正認真分享軍旅趣事，言談中也能了解他對料理和對生活的想法與熱情／4.連菜單都做成簽呈公文的樣式，使軍事主題更加完整／5.餐廳內展示著各國、各年代的軍事用品、歷史老照片和模型槍械／6.韓式部隊鍋誠意滿滿！湯頭微酸辣，冬天來吃很暖身子，非常下飯

# 屏東69火鍋廣場

汕頭扁魚湯頭渾然天成。

地址：屏東市忠孝路138-14號 (屏東縣議會對面)
電話：08-765-3239
營業時間：11:00～14:00，17:00～22:00
　　　　　(週一、二公休)
**推薦必點**：汕頭扁魚火鍋

傳承50年的鍋物美味，以傳統台式小火鍋經營，食材新鮮嚴選，超過10種湯底百吃不膩，最推薦招牌汕頭扁魚為湯底的火鍋風味！鮮甜的扁魚香氣渾然天成，與豬大骨、蝦米、蔬菜共同熬煮多時，帶出甜味，入喉清爽回甘，配著鍋料和白飯特別好！為求新鮮度，各式溫體肉皆手工現切，每鍋可選湯底、肉品、並附基本菜盤，還有飲料免費喝到飽，單點鍋料的價格約30～50元居多，加點兩、三盤更能盡興饗食。很適合帶家人或幾個好朋友一起來聊聊天吃火鍋。

1.牛五花肉口感鮮嫩細緻，油脂豐富，肉香濃郁，沾些沙茶醬更是提味／2.基本上是採一人一鍋的小火鍋形式，也能共鍋／3.汕頭扁魚火鍋抓住許多火鍋迷的味蕾，口味鮮甜清爽，帶出食材美味

# 正筠小籠湯包

南方小籠湯包的霸王。

地址：屏東市忠孝路130-2號
電話：08-734-0133
營業時間：11:00～14:00，17:00～21:00 (週一公休)
**推薦必點**：小籠湯包、酸辣湯

頂著「南正筠，北泰豐」的閃亮名號，能和享譽國際的鼎泰豐齊名並論，正筠小籠湯包真有一番本事。一籠有7顆小籠湯包，顆顆皮薄餡香，滑順好入口，吹彈可破的外皮，一咬開就流出好多濃郁鮮美的湯汁。店家講究現點現包、現蒸，要讓客人吃到最新鮮的熱騰騰湯包，不誇飾的調味配料，讓人單純感受肉餡的原汁原味、鮮嫩又甜美，再沾些醬油與薑絲一起吃，不僅不會搶味，反更豐富味蕾感受。此外，這裡的蒸餃、燒賣、各式麵食與江浙名菜等，也都叫人吃得不亦樂乎，尤其推薦酸辣湯，絕對是享用小籠湯包的最佳搭配。

1.店面位在忠孝路上，營業時間分兩個時段，晚上的用餐人數很多，可先打電話預約／2.小籠湯包一端上桌就香氣四溢，品嘗時記得要用湯匙接住湯包爆出來的湯汁，相當美味

# 華之園迷你火鍋

實惠經濟 CP 值高的石頭火鍋。

地址：屏東市廣東路585號
電話：08-738-9900
營業時間：16:30～凌晨02:00
推薦必點：小火鍋、大火鍋

開在廣東路上這家超人氣火鍋店，晚餐時間的生意好到沒停過，更是夜貓族吃宵夜的好去處，放眼望去，店裡小板凳幾近滿座。店名取作「華之園迷你火鍋」，可是當一鍋160元的小火鍋端上桌，初次光顧的客人一定會心想：「這分量一點也不迷你啊！」正因如此，華之園一直是在地老饕認證的經濟實惠的石頭火鍋。這裡可單鍋也可共鍋，飲料無限暢飲，肉品有分牛、羊、豬3種，每一鍋都會附上豐盛新鮮的配料，還吃得到一大塊芋頭喔！店家的作法是先將蒜頭、洋蔥與肉片下鍋拌炒爆香，再放入豆皮、玉米、金針菇、凍豆腐、高麗菜等豐富的鍋料，以及大骨熬成的高湯，散發十足傳統香氣。

1.在屏東市火鍋界中占有一席之地的華之園，一年四季不減人氣，而且越晚越熱鬧／2.先在鍋中拌炒蒜末與洋蔥爆香後，再加進肉片煎炒過，坐在一旁看了忍不住口水直流／3.經過幾分鐘初步爆香完，再把豐富的鍋料統統倒進鍋內／4.以大骨熬煮出來的湯頭，有用柴魚提味，口味清爽，倒入鍋物中煮滾就能大快朵頤一番喔／5.高中時夜讀完若肚子餓，就會和幾個同學來吃石頭火鍋再回家，不僅料多，幾個人分攤下來也不貴，吃到現在少也超過10年了，依舊欲罷不能呢

# 舊庄人文懷舊食堂

數千件珍藏老物古色古香。

地址：屏東市林森路27-2號
電話：08-721-6898
營業時間：11:00～14:00,17:00～20:00 (週三公休)
推薦必點：古早味風味餐、豬油拌飯

舊庄人文懷舊食堂的開業在屏東市區刮起一陣小小的懷舊復古風，走進店裡，彷彿穿越時光隧道來到台灣早期60、70年代吃飯的感覺，老闆說他花了好多年的時間和金錢才蒐集到這麼多件老物，現在仍不停到處打聽研究、逛古物店，希望能讓「人文懷舊」的主題性更完整。

在這麼古色古香的環境裡，賣的主要是風味樸實的各式麵類與飯類，以豬油拌飯搭配幾樣小菜、魚丸湯組合成的古早味風味餐一直是我的最愛，價格親民口味又好，重點是還能飽餐一頓，讓我願意一再回味，同時也深受附近學區的大學生們愛戴支持。座位不多，容易客滿，若選在中午或晚上吃飯的尖峰時段，常常一位難求，不過等待過程一點也不無聊，店裡面每一處角落都可以讓你拍照拍到忘記時間。

1.櫃檯處被布置得很像鄉下才有的古早味雜貨店的樣子／2.豬油拌飯味道鹹甜鹹甜的，香氣十足，是絕對純樸的美味／3.古早味風味餐以豬油拌飯、豆干、海帶、油豆腐、滷貢丸和魚丸湯為組合，超豐盛／4.滿屋子陳列了幾千件古早味文物與用品，用餐空間頓時變得好有趣

# 首辦大型燈會，
# 璀璨光雕秀點亮屏東。

　　春節初四，夜晚飯後我和家人一起去屏東近期話題最夯的景點——屏東青創聚落，隨意逛遊半小時，隨後轉往萬年溪沿岸賞燈會，度過幸福的一夜。別具意義的是，2017年是屏東市區首次舉辦大型燈會活動，這場「屏東綵燈節」從1月24日起熱鬧開幕，17個主題特色燈區和精采光雕秀持續點亮屏東萬年溪畔，燈期長達20天。賞燈之餘，還可參與土地音樂會、民歌之夜、古早味美食DIY、元宵猜燈謎晚會……等豐富活動。

　　勞工育樂中心大樓外牆的大型光雕秀是一大主秀，可欣賞規模達4層樓高的光雕展演，每半小時演出一次，每場時間長度約3分鐘，開演前已可見一群人聚集圍繞在廣場上，手中拿著相機、手機、攝影機蓄勢待發，準備好要留下光雕藝術最璀璨的模樣。

　　沿著萬年溪畔可以找到停車格，周邊也規畫出多個停車區域，部分路段有交通管制，讓民眾在活動期間安全步行賞燈。這次市集分成兩區，我們將車子停在勞工處周圍的自由路西段路上，靠近小吃、遊樂攤位區域，儘管是吃完晚餐才出門，卻還是會被琳瑯滿目的小吃攤位所吸引。另一邊，萬年溪沿岸的自立路路段，則是販售農特產品的攤位居多。

　　從萬年溪畔設立的活動時刻表可清楚知道17座燈區的分布位置，包括「金色年代」、「漁產豐碩」、「花果饗宴」、「族群文化燈景」、「再見五分車」等主題藝術燈飾，表現出屏東文化特色，其中一幅光雕「萬年溪上河圖」是由民和國小師生及當地社區、屏東文史工作者共同製作，投入3年時間，囊括7屆學生共同完成，堪稱本次活動巨作，別具意義。

　　近2公里長的河段綿延著美妙的光彩色調，染上浪漫的氣息。親自走一趟屏東燈會現場，真的會有愛上屏東的感覺。

1.點點光彩將萬年溪點綴得絢麗迷人、璀璨生動／2.金黃色稻穗穿上LED燈飾的衣裳，讓人行走道更加明亮／3.配合生肖「雞」年製作出主燈「飛躍奇蹟」，矗立在勞工育樂中心廣場前，展起雙翅，氣勢不凡／4.4層樓高的大型光雕秀將勞工育樂中心大樓的門面變成光影閃耀的藝術牆，結合賀年吉祥主題概念，光雕變化可見巨大鞭炮、金龍盤據、燈籠等元素

# 半畝園

道地外省北方口味美食。

地址：屏東市濟南街5號
電話：08-765-6297
營業時間：11:00～14:00，
　　　　　17:00～20:30 (週一公休)
推薦必點：豬肉餡餅、蔥油餅、小米粥、各式小菜

　每逢過年過節或家人慶生，位於濟南街和天津街口的半畝園絕對會被列為我們家的優先選項，基本點單為每人一碗小米粥、椒麻雞、魷魚盤、三杯杏鮑菇、涼拌竹筍、燻鴨、醉雞……等豐盛小菜都來一盤，再加豬肉餡餅和蔥油餅供大家分食，全家人盡興飽足！熱門的內行美食還包括牛肉餡餅、限量烙餅、蒸餃、炸醬麵和牛肉麵，推薦一定要加一小匙辣油試

試，絕妙滋味瞬間倍增！

　半畝園以販售北方外省口味的麵點聞名，老闆當年在台北和軍中友人習得這般好手藝，並徵得老師傅同意，回到屏東開店，漸漸賣出名堂，如今已是屏東當地家家戶戶都知道的知名老店，生意常常客滿，倘若想在假日週末或大大小小節慶來用餐，建議先打個電話來訂位，以免等候太久。

---

1.幾乎每桌都會點蔥油餅，外表酥脆夠，內裡蔥香四溢，入口的厚實感討人喜愛／2.門面外觀呈現中式風格，店內環境寬敞乾淨，很適合一家大小來品嘗／3.小米粥是必點招牌，亮黃黃的外表，米料軟味道清，濃稠度很剛好／4.豬肉鮮餅煎得好漂亮！剛咬開會有滿滿的熱湯汁爆出來，肉餡用料扎實，鮮美爽口／5.選擇豐富的各類小菜一字排開，讓人看了直流口水，想吃什麼就拿什麼，口味都不錯。小菜價目以盤子大小區分，落在40～100元之間

# 御品苑火鍋店

新鮮肉質，煮入香麻辣鍋更精采。

地址：屏東市公裕街328巷6號
電話：08-737-9875
營業時間：11：00～14：00、17：00～22：00
　　　　　（每週二與每月最後一週的週一、二公休）
推薦必點：鴛鴦鍋(麻辣+原味)湯底

　　這間店位在公裕街轉角的位置，一直是我和家人都很喜歡光顧的平價火鍋店，內部空間很舒適。目前提供麻辣、原味、養生、牛奶，以及適合素食者的鮮菇鍋，共5種湯底，可點單鍋或鴛鴦鍋，也能共鍋。每一鍋都會附基本菜盤和豬肉盤，肉品現點現切，若要單點肉盤，除非菜單上有特殊標價，否則其餘一律70元，梅花豬、五花豬、五花牛、板腱牛和去骨雞腿肉塊都有很不錯的品質。

　　我們家習慣點鴛鴦鍋，湯底包含麻辣和原味兩種，麻辣湯頭有微微的香麻感，不會過辣，所以不需要另外沾醬，食材已相當夠味；原味湯頭可以用來煮蔬菜和海鮮，特別清甜。單點價位以10、30、40、70元為區分，餃類、蔬菜類和海鮮類選擇多樣，都很新鮮，還有飲料無

限暢飲，所以我認為共鍋單點會更加划算，可以試試看。

1.重新裝潢過的店面煥然一新，是至正國中附近的隱藏版火鍋店，幾乎只有屏東市人才知道／2.店裡的磚牆裝潢很有特色，用餐空間寬敞無壓迫感／3.麻辣和原味湯底是很好的搭配方案，吃完香辣十足的麻辣鍋，再喝幾碗原味湯頭很解膩，口舌也舒坦些／4.每鍋鍋底附的基本菜盤應有盡有，食材處理得很乾淨／5.隨鍋會附一小盤豬肉片，也可以再額外加點

# 相約屏東聖誕節，
# 感受溫暖與幸福。

一得知將首次在屏東公園舉辦聖誕節活動的消息時，我內心難掩興奮，畢竟往年若想體驗鬧哄哄的聖誕節氣息，就得去萬巒鄉萬金教堂，距離屏東市區有好長一段距離，需搭接駁車才能到，以至於超過百年歷史的屏東公園即將變身溫馨又歡樂的聖誕園地時，我可是滿心期待。

今年以「在南國遇見北國光景」為主題，融入北歐風情元素，占地廣闊的公園綠地布置了繽紛奇幻的特色燈飾，絢麗宛如北國的聖誕氛圍，加上園內設有10座LED主題燈飾區，繁星點點，情境特別浪漫，尤其當看到主燈「浪漫水晶球」在眼前起舞轉著，搭配悠揚的聖誕節慶音樂與飄飄白雪，十足夢幻又療癒。當然也有各式有趣的聖誕系列活動和文創市集，增添聖誕的過節氣氛，走著走著，若是運氣好，還能遇上聖誕老人的身影喔！

1.數百組幾何三角形拼接而成的極光隧道,全長近50公尺,藉紫藍色的光感呈現出北歐元素中不可缺少的極光／2.彷彿置身童話故事,由十多個小冰屋組成的冰屋村／3.近5公尺高的浪漫水晶球,裡面有位漂亮的芭蕾舞者,會定時隨音樂旋轉起舞／4.冰屋旁布置成群的麋鹿聖誕燈飾,以銀白光裝飾宛如置身雪地,麋鹿各有不同動作,極為生動／5.隔年2018年的屏東聖誕節同樣引起話題,特別打造了一座旋轉木馬,爆發搶坐熱潮／6.公園入口處的椰林大道變得光彩璀璨,相當浪漫,結合時下流行元素,布置許多北國燈飾／7.各種色彩不同的聖誕樹林立於此,現場播放著聖誕配樂傳入耳裡,氣氛歡樂又幸福。

# 早午餐

俗擱大碗別客氣，吃得飽即是美談。

[ *Breakfast & Brunch* ]

用一頓美味的早餐揭開一天的序曲吧！身為早餐控，睡醒後的第一餐對我來說非常重要，從路邊攤賣到開分店的古糧，主打碳烤吐司三明治；屏東大學生最愛的蔡蛋幸福早點、太陽公公早餐店的獨家手工製蛋餅皮、以夢幻粉紅色調掀起話題的提姆胖胖、50-5早餐食堂賣著工廠做不出來的私房醬燒肉、祝媽媽水煎包的眷村老味水煎包，還有隱密巷弄裡的董媽媽碳烤燒餅。早起不用擔心要吃什麼，精選各種人氣早(午)餐店，讓你一次收藏！

# 早食光＿晨食

雙料蛋餅太超值，蛋餅控絕對瘋狂。

地址：屏東市廣東路981號
電話：08-733-9801
營業時間：06:00～11:00（週二公休）
推薦必點：薯餅蛋餅、泰式嫩雞蛋餅

　　大四那年我通車上下學，若是早八有課，6點就必須出門趕火車，在這之前我會先到住家附近的早食光外帶早餐，久而久之便和這家早餐店的老闆熟識，一直到我畢業後回到屏東生活，也常來報到。客氣親切的型男老闆目前是自己一人作業，加上餐點現點現做，因此常聽到來店客人被告知要等25分鐘以上，大家竟也都願意等待。不過你可以和我一樣提早打電話預訂，是個不用久候的好方法。

　　餐點選擇性豐富，整體平價實惠，光看分量就能感受到老闆滿滿的誠意，最令人驚喜的是可客製化做出混搭風的薯餅蛋餅，一次吃得到薯餅和熱狗兩種夾餡，醬料則已加在蛋餅裡頭；還有泰式嫩雞蛋餅也是我心目中必推的口味之一，厚實酥嫩的雞肉配上泰式風味醬料和香氣濃郁的九層塔，放進軟中帶韌的蛋餅裡，搭出十分清爽又具層次口感的涮嘴好味道，蛋

餅控很難抗拒得了。

　　回想在我還是學生的時候，老闆每次都會主動幫我把飲料升級成大杯，卻算小杯的價錢，實在揪甘心。店面雖然低調，但從外面可以認門口的胖卡車，就會找到了。

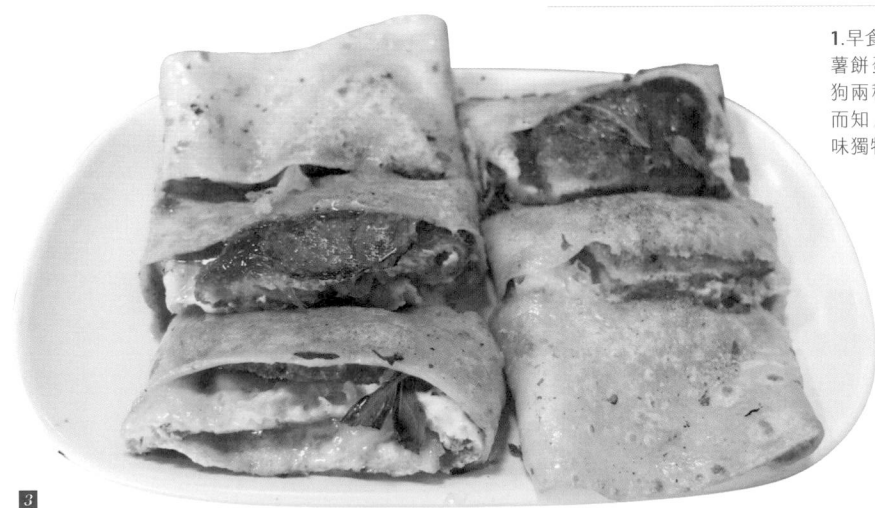

1.早食光_晨食／2.特製的薯餅蛋餅，混搭薯餅和熱狗兩種口味，飽足感可想而知／3.泰式嫩雞蛋餅滋味獨特，一定要嘗嘗

# 蔡蛋幸福早點

便宜大分量的校園區美食。

地址：屏東市民生路63-5號
電話：08-721-6736
營業時間：06:00～13:00（週四公休）
推薦必點：蛋餅、鍋燒意麵、德式香腸組合餐

講到校園周邊美食，屏東大學民生校區斜對面的蔡蛋幸福早點一定會進榜。沒有連鎖早餐店的精緻裝潢，平凡的小矮房仍可見自己的格調。由一對蔡氏雙胞胎兄弟經營，透過牆上張貼的報導採訪可知當初創業的辛苦過程和老闆想傳達的理念，最大的特色在於「便宜好吃、分量飽足」，也難怪學生族群和在地人往往一吃成主顧。

餐點食材新鮮、健康衛生，吃得出老闆們認真用心的烹調態度。蛋餅、漢堡、總匯、吐司、厚片、長堡、鍋燒麵……等多樣選擇各有人青睞，其中「蔡蛋組合餐」系列的歡迎程度最高，端上桌的視覺效果就已帶來滿滿的幸福

感，美味度更是不用懷疑，常聽人說這是屏東市第一名的早餐店，我想是當之無愧！

1.蔡蛋幸福早點／2.碗公分量的鍋燒意麵好吃！麵多料也多，湯頭味濃，若作早午餐是絕對會飽的／3.討論度極高的蛋餅，特別的是將蛋包在餅皮外層，外軟內香嫩，口感厚實／4.德式香腸組合餐CP值高得驚人！食材搭配均衡，有主食德式香腸、水煮蛋、水果、生菜、香蒜麵包和自製馬鈴薯沙拉

# 古糧碳烤三明治

一口銷魂！獨門醬料碳烤吐司。

地址：屏東市中華路75號
電話：08-732-8508
營業時間：05:30～12:30
推薦必點：招牌燒肉三明治、碳烤燒肉吐司、蛋餅

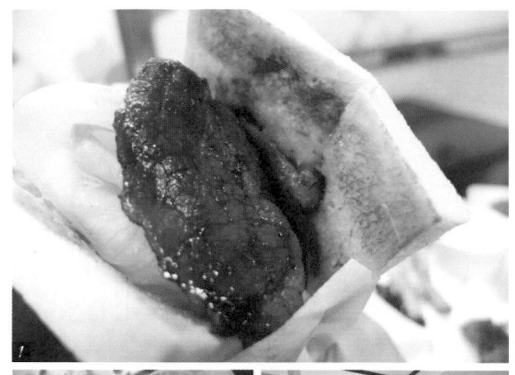

以碳烤吐司為早晨揭開序幕吧！2007年路邊攤起家的古糧，以碳烤燒肉三明治賣出名號，總有大批熱情死忠的屏東人支持捧場，人氣扶搖直上，一路從小攤子到擁有自己的店面，如今也開了新分店，讓區域較遠的客人也能嘗到這古法碳烤製作的好味道。招牌燒肉三明治當然是我心目中首選，新鮮豬肉片刷上獨家研發的特色醬汁，肉質又軟又入味，搭配同樣碳烤過的吐司，中間夾著清脆生菜，口味獨特且不會很油膩，帶著濃郁碳烤香氣，值得細細咀嚼，感受其中美妙風味。

1.碳烤燒肉醬料濃郁，不油不膩且口感也不會太乾，和碳烤吐司、生菜一同入口，碳烤香氣引人回味／2.蛋餅外層有微微焦酥的脆口度，裡層夾入胡椒粉點綴的熟透軟蛋和蔥末，我喜歡／3.屏東人是不是都約好要一起來吃早餐啊！幾乎天天客滿，外帶的客人也不少

# 提姆胖胖

粉紅色調夢幻親子餐廳。

地址：屏東市公園東路72號
電話：08-722-1158
營業時間：08:30～15:30 (週二休)
推薦必點：特製拼盤－德式煙燻香腸、
　　　　　漢堡－手拍漢堡排

以鮮豔的粉紅色調打造出夢幻風格的門面，走進提姆胖胖(TIM PANG PANG)就像是闖入童話世界裡的公主房間，店內同樣以淡粉色系為基底，搭配白色與藍綠色，巧妙營造出少女氣息，更貼心規畫出讓小朋友玩耍的遊戲空間，在「慢活享食」的經營理念背後，製作出一系列以輕食為主的美味料理，如蛋餅、漢堡、三明治、班尼迪克蛋、義大利麵、燉飯、烏龍麵、咖哩飯、鬆餅、特製拼盤、什錦鍋燒等，種類豐富，來到這裡絕對能滿足你的口欲。

1.德式煙燻香腸拼盤搭配蛋、蔬果沙拉、餐包、帶皮薯塊、薯格格，分量豐富，現點現做／2.手拍漢堡排是店家推薦餐點之一，厚實的漢堡肉香嫩帶油汁，搭配著生菜、番茄片與鬆軟漢堡麵包一同入口，風味清爽／3.內外均採用夢幻豔麗的粉紅色調，打造出爆發少女心的可愛主題用餐空間

# 太陽公公早餐店

強力推薦厚實酥軟手工蛋餅。

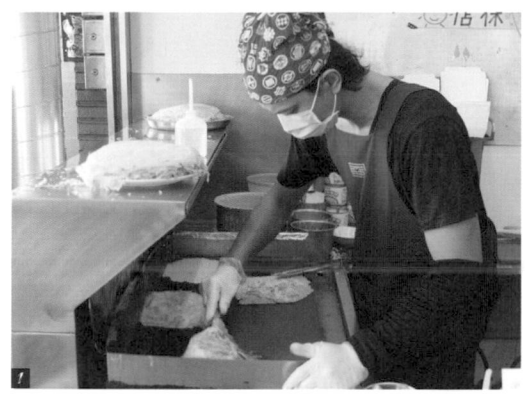

地址：屏東市廣東路1279-3號
電話：08-732-9719
營業時間：05:30～12:30 (不定休，依店內公告為準)
推薦必點：獨家手工蛋餅系列、拼盤、焗烤厚片

　　深受屏東人喜愛的太陽公公早餐店，開店已滿10年，早餐時間人潮從沒間斷過，不論平日還是假日都一樣。老闆自退伍後跟母親學習製作手工蛋餅皮和煎蛋餅的好技術，無庸置疑，來這裡就是要點蛋餅才行！獨家手工製皮，現煎厚實酥軟，滿溢濃郁蛋香，包夾豐美餡料，大口咬下十足飽口，看到蛋餅分量再與價錢相較，保證會讓人覺得實在太物超所值了！

1.煎台前的帥氣老闆巧手俐落沒停下來過，正為客人現點現煎每份蛋餅／2.太陽公公早餐店可是大小屏東人皆公認的早餐前三名／3.焗烤厚片鹹香涮嘴，不自覺就會一口接一口吃光光／4.他們家蛋餅美味的祕訣就在於餅皮，是位於屏東九如地區，同樣開早餐店的老闆媽媽親自傳授的製作方法／5.獨家手工蛋餅的分量與口感人人讚許，蛋餅口味很多，像是燒肉、奶油洋蔥、馬鈴薯沙拉都是店裡人氣選擇，百吃不膩

# 西市場⑭
# 夏一跳早餐店

手工自製麥香雞肉，超厚本奶茶必喝。

地址：屏東市維新里和平路西市場內（一樓26號攤）
營業時間：05:30～13:00（店休1日，臉書另外通知）
推薦必點：麥香雞夾蛋吐司、煎蛋吐司、奶茶、
　　　　　紅茶、咖啡牛奶

　　說是一般傳統早餐店卻又不盡然，凡蛋餅、漢堡、厚片等等常見的早餐選項在(郭)夏一跳早餐店裡統統都沒有，30幾年來單靠著吐司系列和古早味茶飲打天下，因此又有「賣吐司的早餐店」一稱。值得一提的是，現烤出爐的吐司每一片都會抹上正統奶油而非美乃滋，再夾入煎蛋，灑些胡椒粉，看似傳統簡單，卻是好吃得不得了，足以讓人回味再三！

　　店裡最熱銷的人氣王是麥香雞夾蛋吐司，老闆每天以手工自製的麥香雞肉，加上煎蛋、高麗菜絲、小黃瓜和胡椒粉，搭配抹上奶油的烤吐司片，將麥香雞夾蛋吐司調味出多層次的美妙香氣，特別難忘！這裡的肉品一定新鮮，不用批發肉和冷凍肉，多年來老闆始終堅持自己做來賣，我曾遇過坐隔壁桌的大姊們主動掛保證推薦：「我們從好幾十年前吃到現在了，味

道都沒變過，很好吃！」吃早餐總習慣配一杯飲料，這裡賣的紅茶、咖啡牛奶都散發著濃濃古早味，但我更喜歡他們家的奶茶，是用咖啡牛奶和紅茶拿捏適當比例調配出來的，口感獨特，帶有渾厚的濃純香，非奶精製作，不但好喝又令人安心。

　　多年來因地方消費型態改變，人潮與攤位紛紛外流，西市場越趨冷清沒落，幸好還有幾家讓在地人一吃便魂牽夢縈、一來再來的老字號穩穩屹立不搖，除了夏一跳早餐店之外，其他像是阿英麵店、生麗海產粥、永安中藥房青草茶……等，都擁有歷久彌新的好風評，實在推薦來這裡大吃一番、祭祭五臟廟。

1.西市場裡人氣最旺的一家早餐店／2.麥香雞夾蛋吐司分量實在，塗在吐司上的奶油與胡椒粉交疊著鹹香風味，吃了會上癮／3.煎蛋吐司同樣出色，傳統煎蛋的香味參雜著不搶味的胡椒和奶油，這就是古早味啊／4.拼盤平價實惠，有煎蛋、火腿片、熱狗、麥香雞肉、小黃瓜片與高麗菜絲，小而豐美

# 50-5早餐食堂

私房醬燒蛋餅選用真材實料豬腿肉。

地址：屏東市建國路50之5號
電話：08-752-3899
營業時間：06:30～13:00 (週二公休)
推薦必點：私房醬燒蛋餅、私房醬燒漢堡

50-5早餐食堂的位置靠近屏東高工，取名與門牌號碼相同，很有記憶點，開業剛滿第七年，已在早餐市場爭鳴的屏東市區中占據一席之位。菜單上各種餐點竟然清一色不超過百元，連拼盤系列也是如此。最多人點的就是蛋餅，一定要點的是「私房醬燒」口味，店家花費兩年時間研發自製，食材選用豬的腿肉而非工廠送來的現成肉，講究手工製作的口感，風味獨特，吃進嘴裡會先感受到餅皮外層的酥香，內裡夾著燒肉、蔥蛋、洋蔥等豐厚的配料，濃郁香氣滿盈於口。

1.幾乎每桌客人都會點蛋餅，外表煎得微微焦酥，內層夾料豐美，燒肉上頭還有芝麻粒提香／2.吃漢堡可品嘗到整片未切的私房醬燒肉，爽口程度和蛋餅有一點不同喔／3.50-5早餐食堂取名與門牌號碼相同，半開放式空間裡，裝潢布置比起一般傳統早餐店更有質感

# 小玉的店

現煎酥脆蛋餅細薄爽口。

地址：屏東市勝利東路90號
電話：08-738-2887
營業時間：05:30～12:30
推薦必點：燒肉蛋餅

記得第一次和高中朋友約吃早餐就是選在小玉的店，那時候還開在屏東書院斜對面，一晃眼已過了10年，這中間搬過幾次家讓我好一陣子找不到，不變的是它的人氣始終居高不下。建議大家避開平日上班上學前的那段時間，稍晚一點到才好，而週末假日來吃早餐碰上爆滿人潮的機率將近百分之百，是屏東市區會讓人留下深刻記憶的早餐店。每來必吃蛋餅，現點現煎，餅皮偏薄，煎到香酥微焦，乾乾脆脆的很「ㄑㄧㄚˋㄇ」，越吃越涮嘴！燒肉、鮪魚、玉米、燻雞等多種蛋餅口味都是我的心頭好。

1.酥軟帶脆的現煎蛋餅，內裡有蛋與燒肉的香氣層次相伴，十分好吃／2.十幾年間已搬過兩三次家，環境裝潢也變了不少，唯獨放在門口的這塊老舊招牌跟高中時看到的一模一樣

# 消失的家鄉味

　　截稿的前一晚，我翻閱著內容大致確定的影印書稿不下3遍，發現自己一方面介紹這座城市、分享最新又最道地的食旅資訊；另一方面，透過書寫，我也找到表達我對這塊土地情感的方式。從2014年到2019年，屏東市的景物、店家逐一被我收藏起來，成就這段食旅生活，然而，這段時間裡，也有幾樣我很愛吃或是從小吃到大的老味道已經不在了，因為見證了與這些家鄉美食告別的時刻，所以我總希望趁著記憶猶深之時要將這些店記錄下來。

　　屏東市勝利路上曾有間小山東麵館，是標準的眷村麵食，它的鍋貼、蒸餃和綠豆稀飯是我最愛的菜色，2015年2月9日結束營業，我特地趕在2月8日中午專程去吃最後一次。在傘兵旗魚黑輪吳老闆的訪談過程中，我才得知建國市場附近的阿猴麵線糊已歇業的消息，當場大喊：「怎麼可能？」麵線糊配四神湯可是我熱愛的屏東市早餐之一。還有我生平第一次收到美食邀稿的好日子迷你石頭火鍋，那時候這間還算是市區少見的親子火鍋餐廳，我和朋友常常到這裡聚會。

　　屏東市北區市場裡的正老牌阿化肉圓，每天現做的清蒸肉圓數量有限，常常中午前就提早賣完打烊，我自己的經驗裡就有不下兩、三次，才剛過中午12點想去吃午餐卻撲了空。在地人一定都知道的王家涼麵，賣了26年，炎炎夏日坐在店裡，吃著涼麵配免費喝到飽的味噌湯的畫面仍歷歷在目。凱莉布朗奇早午餐Kelly's Brunch，提供讓我一星期連吃5天也不膩的澎湃輕食拼盤。選勤世蔬食關東煮，清爽新鮮的關東煮物，尤其以蔬果熬煮、鮮甜無比的高湯讓人無比懷念，年輕的老闆娘正巧和我的姊姊是就讀屏東女中時的同班同學。

　　打從回到屏東，開始經營部落格的那一年起，我漸漸和生活周遭時常光顧的店家串連起情誼，透過對談、品嘗，體會到自己對家鄉的情感，雖然這些店家歇業了，但我與他們之間的美好回憶，將永遠不會消失。

**1**.小山東麵館／**2**.王家涼麵／**3**.正老牌阿化肉圓／**4**.好日子迷你石頭火鍋／**5**.阿猴麵線糊／**6**.凱莉布朗奇早午餐／**7**.選勤世蔬食關東煮

# 劉記早點

扛霸子小籠包汁多餡美最熱賣。

地址：屏東市勝利路206-5號
電話：08-766-0395
營業時間：04:30～13:00 (週一公休)
推薦必點：蔥花大餅、燒餅、小籠包、鹹豆漿

　　劉記早點曾在屏東縣政府舉辦的美味麵食選拔大賽麵點組中得過獎，也接受過不少美食節目採訪報導，是當地家喻戶曉的中式早餐名店。一大早就會看到一窩蜂的客人，全都圍在這裡等待一出爐就會被秒殺的蔥花大餅、燒餅、紅豆酥餅、鹹酥餅、甜酥餅……等各式傳統眷村美食。尤其小籠湯包更是店裡的扛霸子，每顆外皮白皙、冒著熱氣、分量十足，輕輕一咬便流出油油香香的爽口湯汁，而豬肉內餡更是鮮甜得不得了，吃過的人都稱讚。不光如此，就連每天現磨現煮的豆漿也非常厲害，甜度有分全糖、半糖和無糖，還有濃郁豐富的招牌鹹豆漿，每次光顧總要先點一碗來喝。

1.手工現包的小籠包一籠有8顆，厚皮Q嫩很彈牙，新鮮豬肉內餡飽滿，汁多味美。熱呼呼的鹹豆漿口感神似豆腐卻又更加軟嫩，配料豐富，喝起來口感層次多，滑嫩順口／2.曾經看著幾大盤滿滿的燒餅、大餅、酥餅剛搬上檯面，幾分鐘時間不到全部被買光，搶手速度十分驚人

# 豐滿早餐店

排隊美食中正路生煎包。

地址：屏東市中正路171號
電話：08-733-3419
營業時間：05:30～11:00 (不定休)
推薦必點：生煎包、豆漿、鹹豆漿

屏東市中正路上的豐滿早餐店已經是在地50年的老店，紅色招牌只簡單寫著「水餃、生煎包」，久而久之大家都直接稱這間店叫「中正路生煎包」。約清晨6點開賣，經過這裡總會看到一長條排隊人潮等著搶購手工現包的生煎包當早餐。

能夠一天賣出上千顆生煎包不是沒有原因的，放在煎鍋上一顆顆白嫩嫩的生煎包，火候控制得宜，外皮略厚、軟嫩適中，豬肉內餡塞得飽滿、鹹香帶湯汁，每一口都好新鮮，而且越嚼越香，好吃到停不下來！有一次排在我前面的大姊就一口氣清空鍋面上剩下的30顆生煎包，真不愧是屏東超熱銷的排隊美食。吃生煎包一定要搭配豆漿或鹹豆漿，這可是老饕推薦最棒的早餐組合。

1.以生煎包這一味吸引眾多饕客大排長龍，就算排隊排上半個小時也要吃到它／2.每天手工現包的美味生煎包，食材新鮮不放隔夜／3.外皮底部煎成焦黃色，焦香迷人，口感帶酥度，而麵皮Q軟卻不會一咬就爛，鮮香的湯汁鎖在肉餡裡，味道清爽／4.生煎包配上豆漿，補滿一整天的活力，豆漿豆香濃郁，不會太甜，和生煎包很對味

# 董媽媽碳烤燒餅

傳統碳烤燒餅結合多元口味。

地址：屏東市民學路120巷58號
電話：08-722-6610、0931-220-089
營業時間：06:00～賣完為止 (約09:00前，週日公休)
推薦必點：碳烤燒餅(甜／鹹)、蘿蔔絲餅、鮮奶茶、
　　　　　港式蘿蔔糕

　　想一嘗董媽媽碳烤燒餅的好滋味可要起得早啊！店面位於屏榮高中旁的民學路120巷的巷弄內，每天大清早6點一開賣，就有絡繹不絕的客人上門買燒餅吃，大約3小時即統統完售，最快紀錄是還沒到8點就已經賣個精光，我近幾年也親眼見證過好幾次了。

　　董媽媽碳烤燒餅除了有甜的、鹹的、黑胡椒、香椿、黑芝麻、蘿蔔絲等傳統碳烤燒餅口味之外，亦有招牌燒餅、燒餅加蛋、蔬菜燒餅、起司燒餅……同樣是評價極好的創新口味，老闆娘董媽媽說早期燒餅口味其實沒那麼多，是後來慢慢研究出來的，想增加選擇上的變化。最後私心推薦店家自製自調的鮮奶茶，

帶有渾厚風味，入口後的茶香與奶香十分融洽，令人難忘。

1.傳自孔廟燒餅劉老伯伯的好手藝，堅持傳統作法現擀燒餅，會先將燒餅放置炭爐上烘熱，再轉移到炭爐內翻動火烤／2.吃燒餅配上自家調製的鮮奶茶這種絕妙組合，任誰都會心動／3.4.不同口味的燒餅、酥餅吃起來各有獨自口感，我很喜歡這一款蘿蔔絲餅，酥脆美味，上頭的芝麻粒畫龍點睛

# 祝媽媽水煎包

搶破頭的水煎包與臘味花捲。

地址：屏東市勝利路186號
電話：08-766-5651
營業時間：晚上20:00～隔天10:00（週三晚～週四整日
公休，臨時店休以粉絲團公告為準）
推薦必點：水煎包、臘味花捲、煎餃

　　來到屏東玩，第一站可先在祝媽媽水煎包吃
一頓中式早餐，自1984年從眷村起家，傳承至
第二代由祝老闆夫妻接棒延續美味，商品種類
多元，花捲、酥餅、鍋貼、油條、中式蛋餅、
燒餅及各式煎包類應有盡有，每天現包現做，
價格划算，早早清晨4、5點開始就會看見許多
在地鄉親聞香而來，已成為屏東市區品嘗道地

外省眷村風味麵食的指標據點。

　　最受歡迎的必吃招牌是水煎包，每顆個頭又
大又實，外皮柔韌，底層煎得香酥焦黃，內餡
青菜新鮮脆甜，誘人胃口；不容錯過的還有常
被秒殺、眾人搶破頭的臘味花捲，特色十足。
其中鹹豆漿只賣晚上時間，睡前宵夜美食當然
少不了它！

---

1.2018年開始，為配合客人需求，營業時間從晚上8點跨夜到
隔天早上10點，想吃早餐、晚餐還是宵夜都沒問題／2.二代
祝老闆很推薦晚上來喝碗暖暖呼呼的鹹豆漿，鹹香四溢，配料
給得多，細微豆腐花有好口感／3.販售湖南臘肉、手工香腸、
煙燻豬肉和多樣眷村小菜，嚴選食材無添加防腐劑，送禮自
用兩相宜／4.餐檯上一字排開的品項猶如自助餐模式，想吃
什麼就自己夾，提供便利性，白天上班時間賣出的速度與數
量很驚人

# 陶醉於屏東綵燈節的幸福感

屏東綵燈節活動繼首辦成功，2018年更擴大燈區範圍，未演先轟動，超過2公尺長的燈飾區域，一路從萬年溪河畔延伸至屏東千禧公園，共規畫出20組閃耀燈飾，結合光影互動科技，以及各族群文化燈飾設計和地景風貌等元素，突顯多元化的在地特色。綵燈節活動為期一個月，每晚入夜天黑後，燈飾相繼點亮，攝影比賽、春節晚會、年貨市集等一系列活動接連上演。

民眾可順著萬年溪旁欣賞5大燈區，感受夜裡的光影浪漫。我沿著萬年溪旁走到路口處，跟著賞燈群眾一起過馬路，踏入首次成為燈區的屏東千禧公園，公園內一共有7組燈飾可以慢慢欣賞，如「愛情宣言」歡迎情侶示愛、五彩繽紛的「大地回春」、小狗造型打造「狗來旺」、舊木門木窗拼湊出「窗屋的時光」……等，光影閃耀著整座千禧公園，不論走到哪裡，亮麗動人的光點都能照亮黑夜。

點燈當天正好遇上寒流報到，大家身穿厚厚的外套，戴上圍巾、毛帽和手套，不惜全副武裝抵擋刺骨寒風，也要一睹今年屏東綵燈節的光彩。

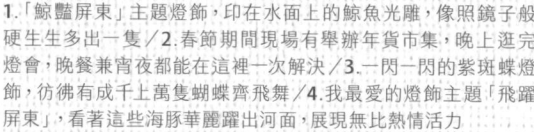

1.「鯨豔屏東」主題燈飾,印在水面上的鯨魚光雕,像照鏡子般硬生生多出一隻／2.春節期間現場有舉辦年貨市集,晚上逛完燈會,晚餐兼宵夜都能在這裡一次解決／3.一閃一閃的紫斑蝶燈飾,彷彿有成千上萬隻蝴蝶齊飛舞／4.我最愛的燈飾主題「飛躍屏東」,看著這些海豚華麗躍出河面,展現無比熱情活力

# 民族路夜市

傳統美食的一級戰區。

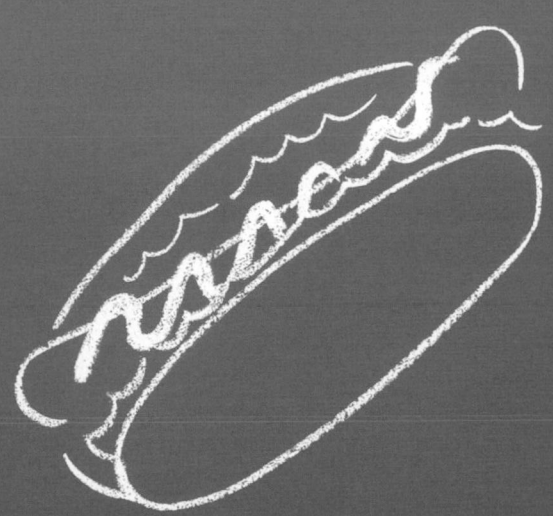

[ *Night Market* ]

　　屏東觀光夜市歷史悠久，在地人口中的「民族路夜市」是南台灣享負盛名的夜市之一，被喻為屏東市的大廚房。不同於一般夜市，這間「大廚房」非常貼心又勤勞，幾乎沒有休息，最早從早上6點開始已有攤販營業，一整天接續不斷、持續供應伙食，最晚的到凌晨1點才開張，隔日早上7點收攤。在這裡，全天候各時段都有人張羅你的胃，無論任何時間想果腹都不成問題！尤其資深的歷史老店比比皆是，超過30年以上的店家一雙手也數不完。

# 王朝香菇肉羹

必嘗特色吃法「炒飯泡羹湯」。

地址：屏東市民族路與民權路交叉口
　　　（夜市72、74號攤位）
電話：08-766-2068、0930-386-133
營業時間：10:00～賣完為止（不定休）
**推薦必點**：蛋炒飯、香菇肉羹、飯羹(炒飯肉羹)

　　這家開了40年的老字號小吃在屏東民族路觀光夜市內占有一席之地，位於民族路與民權路交叉口，橫跨72、74兩個攤號的店位，販售著旗魚羹、香菇肉羹、蛋炒飯、炒麵、炒米粉等台灣傳統小吃，而這裡還有一種相當獨家的組合吃法，那就是把炒飯和肉羹加在一起，很有意思吧？最初只有內行老饕才知道，聽說自從被美食節目紛紛報導後，許多客人一到現場也是開口必點一碗「炒飯肉羹」，儼然成為眾所皆知的人氣招牌料理，相當受到歡迎。

　　羹湯加入高麗菜、扁魚及其他佐料下去熬煮，濃稠溫潤，灑些香菜並淋上黑醋，融入湯頭提味，每一口都能喝到柔順甘爽的好滋味，此外，選用溫體豬的後腿肉部分，以手工切條製作出扎實彈牙的肉塊，彈中帶嫩，肉質新鮮，更是在一碗羹湯裡表現搶眼，令人吃過之後再三回味。只單吃肉羹可不行，既然來了，就得點盤炒麵、炒飯或炒米粉試試看，調味和配料簡單，看似樸實無華，卻出奇地好吃。

　　店家從早上10點開始營業一直到晚上賣完為止，不論早午餐、午餐、下午茶還是晚餐都吃得到，據店家說法，每日供應量拿捏有限，倘若當天生意太好的話，晚上8、9點早早打烊收攤也是有可能的。

---

1.說起屏東夜市美食，就不能漏掉這一攤位於夜市中央轉角處的王朝香菇肉羹／2.炒飯炒得粒粒分明，呈現金黃油亮色澤，簡單基本的調味，相當乾爽不油膩／3.泡進肉羹裡的炒飯，入口濕潤好嚼，兩者味道非常契合，依舊保有米粒的扎實口感／4.餐檯上擺滿豐盛的小吃料理，是屏東民族路觀光夜市裡最熟悉的美味風景

# 上讚肉圓 大腸‧粉腸

炸肉圓Q彈帶勁，大腸與粉腸也是美味招牌。

**1**

地址：屏東市民族路22號 (夜市27號攤位)
電話：08-732-7247
營業時間：08:00～22:00 (每月不定休2天)
**推薦必點**：肉圓(一份兩粒)、大腸粉腸

屏東民族路夜市裡的必吃美食名單之一。創立於民國34年，第一代創始人當年從一台手推車賣起，主要賣的是炸肉圓和大腸粉腸切料。遵循祖傳古法，用在來米漿手工製作肉圓外皮，先蒸過再用慢火油炸，入口Q彈帶勁，淋上醬汁更是鹹香味美，肉圓內餡滿布著炒過的碎肉塊與蔥酥，幾乎每一口都能品嘗到肉質和肉香。在選擇豐富的各式切料當中，以大腸、粉腸最為激賞，將糯米和花生手工灌入特選的豬大腸皮中，口感熟透綿密，飽滿扎實；清楚可見粉腸填滿了瘦肉塊，用料實在。此外，我極力推薦店家特調的蒜末辣醬，刺激嗆辣，愛吃辣的人一定要來挑戰看看！

1.肉圓皮Q餡香，淋上醬油、高湯特調醬汁，油香滋味無法擋／2.在屏東邁入75年的老字號店家／3.油鍋裡正泡著慢火油炸的肉圓，每一顆看起來都金光閃閃的，多麼動人的顏色呀／4.大腸腸衣無腥味，少許花生激發出更棒的口感香氣／5.光看堆滿透明櫃內的豐富切料，已經讓人眼花撩亂了吧

**2**

**3**

**4**

# 阿狗切仔擔

陪伴在地人成長的70年切料攤。

地址：屏東市民族路57號 (夜市28號攤位)
電話：08-732-2992
營業時間：09:00～23:00 (不定休)
**推薦必點**：各式切料、粉腸、米粉、肉圓

　　若想來一盤味美價廉的切料解解嘴饞，我會推薦夜市裡28號攤位的阿狗切仔擔，至今已傳承3代，是一家經營70多年的老店家，深具歷史地位，營業時間總是吸引川流不息的人潮，店裡所賣的切料深受饕客愛戴，也一直是我自己的美食口袋名單。

　　所謂的切料，其實就是大家常說的黑白切，這裡主要販售米粉、肉圓、粉腸、大腸、燙青菜及各式切料，以美味道地、食材新鮮、分量多著稱，尤其價錢便宜更是有目共睹，店家還免費提供大骨湯，實在經濟實惠。這裡的切料選項很豐富，每天使用純正豬腸衣手作灌製的大腸、粉腸最為搶手熱賣，外皮Q彈的粉腸，入口有滿滿豬瘦肉的香氣，綿密扎實；大腸則是灌入很飽滿的糯米餡和台灣本地出產的花生，口感黏Q多汁，腸衣同樣彈性十足。而一盤切料要好吃，沾醬也是關鍵，獨家特調的醬油和辣椒醬，唯有親自品嚐過才知道那滋味有多麼讚！

1.相信這家阿狗切仔擔已在許多屏東老饕心目中立下無可撼動的地位／2.價格實惠的切料總是能抓住饕客的芳心，吃過都還會再來光顧／3.炒米粉、炸肉圓也是招牌必點。米粉口感細緻且濕潤，淋上滷汁稍多的肉燥調味和些許豆芽菜搭配，多年來口味傳統不變／4.堆疊在檯面上的切料琳瑯滿目，常見的切料品項如豬的內臟部位、花枝、大腸、粉腸、魚蛋、魚肚、菜頭……等，這裡統統有

# 正老牌屏東肉圓

位處夜市卻只賣白天的限量肉圓。

地址：屏東市民族路上 (夜市63號攤)
電話：08-7329357
營業時間：凌晨04:30～14:00 (不定休)
**推薦必點**：肉圓、豬血湯

屏東地區多以清蒸肉圓為主，飄香80年的正老牌屏東肉圓賣的就是清蒸肉圓，每日限量供應，雖位於屏東民族路觀光夜市範圍內，卻只從大清早賣到中午過後即打烊，晚上可是吃不到的唷！店家維持純手工傳統作法，外皮使用在來米和番薯粉調製，口感薄厚適中、Q彈軟嫩，內餡的肉塊是以新鮮的豬後腿肉與自家祕方香料進行醃製，使得肉質多了一股獨門的鹹香滋味，許多老主顧一次都吃4、5顆肉圓起跳，若多點一碗由大骨熬煮湯頭的魚丸湯和豬血湯，更能體會到屏東道地樸實的古早風味。

1.逾80年的好口碑，已是許多屏東老饕心目中的肉圓首選／2.肉圓外皮薄厚適中，肉餡鹹香，整體清爽味美，每口都滑溜好吞／3.豬血湯以大骨熬煮湯頭，豬血給得多又大塊，口感結實不會腥臭

# 屏東夜市魠魠魚焿

夜市超人氣第一排隊美食。

地址：屏東市復興路9號 (民族路與復興路十字路口)
電話：08-733-3963
營業時間：09:30～23:00 (不定休)
**推薦必點**：魠魠魚焿、麵焿

屏東夜市入口的第一家店，每天營業時間都會看到落落長的排隊人潮，生意很旺，不只在屏東人心中占有一席之地，許多外縣市來的饕客也是吃過一次就流連忘返。民國66年創立，賣的是口味傳統的魠魠魚焿。經處理後的新鮮魚肉沾粉下鍋油炸，外皮香脆可口，肉質軟嫩細滑，再放入用柴魚、白菜和魚骨高湯熬煮勾芡的湯頭裡，完全符合南部人偏甜的口味。整體香氣融洽，風味獨特，還可以選擇飯焿、麵焿或米粉焿，增加飽足感。

1. 大排長龍的景象不分平日或假日，每天都是如此／2.焿湯勾芡不會太重，口味屬甜，配上Q彈麵條很搭，絕對真材實料／3.細嫩香軟的魠魠魚新鮮味美，酥皮帶有厚度，泡在焿湯裡，口感濕潤也好吃

# 王氏魯米血 夜市雞肉飯創始店

米香彈牙不膩口，老字號實至名歸。

地址：屏東市民族路22號 (夜市41號攤位)
電話：08-733-0027
營業時間：10:00～凌晨01:00 (不定休)
**推薦必點**：雞肉飯、乾米血、當歸鴨湯

　　這家老字號雞肉飯飄香屏東夜市已70年，鎮店招牌雞肉飯散發濃濃的屏東道地風味，口味不重，米飯軟Q微帶彈性，油香不膩，上頭雞肉絲切成細狀，以獨家配方熬煮，並灑上許多炸油蔥酥，口感富有層次變化。攤位上販賣著涼拌鴨腸、鴨肉盤、當歸鴨麵、鴨肉冬粉、鴨肉油麵……等和鴨有關的料理，勢必要品嘗看看！還有以手工製作的米血最讓人著迷，用上十多種中藥材祕方燉煮，雞汁滷製到入味，配上花生粉和醬汁提香，口感QQ綿綿的，還透出一股甘醇香氣，口味十分特別。

1.民國36年創立的老店，靠著獨家口味的各式料理養出許多一吃再吃的老主顧／2.手工特製的乾米血，如果沒吃到，真的會可惜到想捶心肝／3.當歸鴨湯湯頭滑順爽口，味道不重腥，放入兩大塊鴨肉吃完好過癮

# 屏東夜市雞肉飯

雞肉絲細嫩不柴，飯一扒就停不下來。

地址：屏東市民權路21號 (夜市內)
電話：0929-318-656
營業時間：07:00～凌晨01:30
**推薦必點**：雞肉飯、下水湯

　　位在屏東夜市內民族路與民權路交叉的這家雞肉飯很有名氣，多年來沒有店名，但只要提到「屏東夜市雞肉飯」則人人皆知。出餐速度快，招牌是雞肉飯，將雞胸肉切成細嫩不乾柴的雞肉絲鋪滿整碗飯，搭配鹹甜的醃蘿蔔，以及調製過的獨門雞汁充分攪拌過後，香氣特別誘人。一旦扒起第一口濕潤的米飯放入口中，便會忍不住一口接著一口，停不下來了呢！我很喜歡再點一碗下水湯，料多有嚼勁，湯頭清爽好喝。

1.從早到晚、甚至到半夜總能看到這家雞肉飯的攤位前坐著用餐人潮／2.蓋滿雞絲的雞肉飯是我心中難忘的屏東夜市美食之一／3.下水湯和雞肉飯超絕配，湯裡放入酸菜、薑絲提味，喝完超暖身子

# 尋訪夜市裡的日常風情

逛一回屏東觀光夜市便可看出屏東市的生活縮影。怎麼說呢？雖名為夜市，卻又不盡然，因為屏東夜市從大清早開始就已有店家攤位在營業，生活一天三餐都能在這裡解決，還包含下午茶和宵夜場，每到傍晚下班時間，行人與車輛頓時塞滿狹窄的夜市道路，展現濃厚的生活感。倘若不想人擠人，建議平日中午過後來，人少，車也不多，氣氛較悠閒。

夜市距離屏東火車站並不遠，就在民族路與復興路交叉口處，距離屏東火車站450公尺，步行約10分鐘內會到。這裡是屏東市區發展最熱鬧的一個區域，呈十字型的格局範圍，4條出路口分別通往仁愛路、復興路、民生路和萬倉街。夜市已有百年歷史，日治昭和時代的建築遺跡依稀可見，現存50、60年以上的老字號攤商不在少數，且至今地位屹立不搖，同時也有新興小吃攤出現，帶動老夜市有了新的活力。旅遊屏東市時，先到屏東人的美食天堂「屏東觀光夜市」嘗個好味道吧！

# 源肉燥飯

深夜美食霸王，凌晨才開賣的肉燥飯。

地址：屏東市復興路9號 (民族路與復興路十字路口)
營業時間：凌晨01:00～07:00
**推薦必點：**肉燥飯、四神湯、香腸、皮蛋

和魠魠魚焿共用一個攤位，大約在晚上12點左右就會換上「源肉燥飯」的紅色招牌，是屏東市區極少數限定宵夜時段的低調美食，若不是習慣熬夜晚睡的夜貓族，要想吃到還得努力撐住眼皮，忍著睡意才行啦！營業時間才開始不久，店裡就已座無虛席，服務人員忙碌的手腳從沒停下來過，想見大家都是為了這碗物美價廉的平民級小吃——肉燥飯而來，淋上獨家比例的滷汁肉燥，塊狀肥肉燥丁帶皮，富含油脂卻不會太油膩，味道不腥，加上乾爽的肉鬆，看似平凡簡單，滋味卻是好得沒話説！再點些烤香腸、白菜滷、香腸、皮蛋等配菜，讓這

頓宵夜更加澎湃豐富，價錢不貴也能吃得超過癮。

1.古早味的肉燥以肥肉丁滷製，肥而不膩，搭配肉鬆，深深打動每位晚睡的饕客／2.深夜喝碗四神湯溫暖身體，豬腸處理得很乾淨／3.就連半夜還得提前來卡位才不會等待太久

# 蘇記路邊攤

傳統手工旗魚丸和肉羹。

地址：屏東市民族路71號 (夜市12、14號攤位)
電話：08-734-1563
營業時間：10:00～22:00 (週一公休)
**推薦必點：**蛋炒飯、旗魚羹

蘇記旗魚羹和香菇肉羹深受歡迎，60年來依傳統手工製作旗魚丸和肉羹，論彈性和扎實度皆讓人滿意。倘若這兩樣都想品嘗到，不必點兩碗，店裡有提供綜合版的旗魚香菇肉羹，綜合口味同樣道地傳統，而口感層次則相對豐富，滿足更多饕客需求。攤子上看得到的炒麵、炒米粉、爐肉飯、冬瓜排骨湯、苦瓜排骨湯……等，都稱得上主打菜色，最熱門的不外乎這道被稱為蒜頭飯的蛋炒飯，將蒜頭、青蔥與米飯拌炒，飯粒散發獨特蒜味香氣，不油不膩，再加些酸菜相當對味。

1.彈牙的手工旗魚丸越嚼越涮嘴，旗魚羹湯頭清爽，勾芡不會過頭，內有軟嫩筍絲和高麗菜，胡椒和香菜則依個人喜好加或不加／2.這家的蛋炒飯因為有加入蒜頭炒香，蒜香濃郁十分特別，米飯粒粒分明不油膩，若加點酸菜會更好吃喔／3.蘇記香菇肉羹、蘇記旗魚羹都是常聽到的店稱，時常看到老闆和阿姨們親切招呼客人，人情味十足

# 上好肉粽

日治時期的老牌肉粽攤。

地址：屏東市民族路23-25號
電話：08-733-7886
營業時間：09:00～23:00（假日營業較晚，不定休）
**推薦必點**：肉粽、花生粽

　　第一代創始人郭椪早期從露天舊市場起家，自日治時期就存在的老牌肉粽攤，現傳承4代。賣粽子賣到聞名全台，不僅在仁愛路與廈門街交叉口開設分店經營，提供冷藏宅配的方式也很受歡迎，尤其每年到了端午時節，來自全台各方的電話訂單應接不暇，加上肉粽禮盒精緻美觀，用來送禮實惠又大方得體。

　　肉粽分成大中小3種分量，越大粒餡料會包越多，上選豬肉、糯米、蛋黃、蝦米等食材，結合不外傳的獨門配方。咬下一口，由淺入深的陣陣芳香和糯米扎實略帶彈性的口感相輔相成，鹹甜鹹甜的傳統醬料化於其中，花生粉添味恰如其分並不搶戲，以手工包製的豐富餡料更是好得沒話説。除此之外，這裡也有賣以精選大顆花生製成的花生粽，以及當天現蒸的古早味新鮮碗粿。

1.論資歷來看，上好肉粽絕對是屏東市肉粽圈的第一把交椅，上過各大媒體雜誌報導專訪／2.上好肉粽／3.吃粽附贈免費味噌湯！征服味蕾的完美組合多年不變／4.單單看到花生粽的花生餡料給得如此之多，心情大好，吃花生粽最超值

# 夜市快餐

疊出屏東最出名的排骨山脈。

地址：屏東市民族路41號 (屏東夜市54號攤位)
電話：08-732-5806
營業時間：10:00～22:30 (每月月底3天公休)
**推薦必點：**排骨飯

　　正因為頂著醒目又逗趣的「豬頭」圖案招牌，夜市快餐常被客人暱稱為「豬頭飯」或「豬頭排骨飯」，誇它是屏東夜市美食的一大指標並不為過，餐檯的鐵盤上堆疊出一座座數量驚人的「排骨山脈」，向老闆娘打聽得知，平均一天會賣掉好幾「座」鐵盤的排骨，風靡屏東市達45年，更有許多外地客慕名來征服過。

　　將排骨飯的蓋子一掀開，就能看見好大一片排骨，滷蛋、香腸、醃蘿蔔和甘甜的酸菜是必備配料。排骨先以油炸處理，待客人點餐後，會再泡進濃郁入味的滷汁中煮過，汁多肉實，十足古早味。老闆娘還提到，可以先單吃一口覆蓋在排骨底下的飯，感受排骨的肉香與滷汁被悶在米飯裡面的味道，然後再開始大口大口地咬排骨，這才是在地人的吃法，不妨來試一試。

1.先炸後滷的排骨鎖住濃濃滷汁，肉質軟嫩帶實度又多汁，外皮軟滑濕潤，筷子輕輕一夾就跟肉分離，口感獨一無二／2.自1975年創立至今，走過45年來屹立不搖，招牌上的「豬頭」圖案話題十足／3.要說美味祕訣絕對跟這鍋滷汁有關，凡滷過的排骨，獨特風味無可取代／4.鐵盤上堆疊了超多的大片排骨而成一座「排骨山脈」，十分壯觀

# 依循時光脈絡，
# 走讀夜市老樓房

民族路夜市
*Night Market*

屏東觀光夜市的歷史可以從日治時期說起。攤販後方高高低低的樓房吸引我一次次探索，遙想往昔。記得有次我不經意地穿過兩個攤位之間，走進雪晶冰惧室，眼前古色古香的環境宛如民國30、40年的老冰菓室，我點了一碗芋頭湯，一邊品嘗，一邊聽老闆娘娓娓道來民族路、民權路這一帶的發展與改變。

原來在更早之前，露店公有市場(注)才是熱鬧的集中地帶，要鑽進民族路的巷子裡才看得到。據老闆娘所言，露店公有市場曾有過近百個攤位，相當繁榮，如今僅剩零星的個位數攤販在白天做生意，成為時代變遷下被遺忘的一處城市角落。

民族路段上從早期到現今的變化，老闆娘全看在眼裡，開業七十多年的雪晶冰菓室也見證了這段歷史，冰菓室裡處處可見歲月的痕跡，不僅有陳年的家具擺設，還有民國30年保存至今的樓房與樓梯。我想起兒時記憶裡的畫面，夜市牌樓、復興路橋、國寶戲院……等，如今順著時代的洪流，它們走入了歷史，或許在將來的某天，會換成我來向後輩們聊起屏東市的過去。

注：露店就是露天市場的意思。從日治時期留存至今的屏東露店公有市場，緊臨民族路，占地約三百多坪，是當時屏東地區非常熱鬧的市集。

台灣早期的房子很常看到這種建築工法的老樓梯

走往夜市更深處的巷子，僅存少數幾個攤販，人煙稀少

# 關東煮壽司

關東煮配生魚片，暖呼呼柴魚高湯無限續。

地址：屏東市民族路上 (夜市35號攤位)
電話：08-732-3555
營業時間：09:00～凌晨02:00 (不定休)
**推薦必點**：關東煮、生魚片

　　走在夜市裡，若突然很想吃生魚片的話，就來35號攤位的關東煮壽司嗑一盤過癮一下吧！橘色招牌在夜市裡尤其醒目，在我記憶裡也是從小時候就有的傳統老店，店內採自助式，要吃什麼自己夾。關東煮品項有日本竹輪、香菇卷、海苔卷、鴛鴦蛋、苦瓜烘蛋……等，超過10種以上；店裡選用多種好食材熬煮柴魚高湯湯頭，湯色偏深，柴魚香氣足，香甜濃郁，老闆總說：「不要客氣，湯可以多喝幾碗喔，免費的，很好喝！」新鮮甜口的生魚片和古早味壽司都好好吃，再以哇沙米沾醬搭配，始終帶給我極大滿足。

1.沒有確切店名，招牌上貼著〈美鳳有約〉的採訪照片是人氣證明／2.天氣寒冷時很愛來吃關東煮，加上一碗接著一碗的熱湯暢飲，身心都暖和起來了／3.用哇沙米和醬油膏調製的沾醬很百搭，除了沾生魚片之外，鹹鹹嗆辣的口味沾關東煮或壽司同樣合拍／4.據店家說明，生魚片是東港產地直送，每一塊都切得很厚，肉質冰涼度夠，入口滑嫩鮮美

# 碗粿楠

長紅70年碗粿老店。

地址：屏東市民族路興市巷31號 (夜市35號攤位)
電話：08-732-5665
營業時間：10:00～18:00 (不定休)
**推薦必點**：碗粿、四神湯、肉羹

早在1946年即創立的碗粿楠是老一輩屏東人心中的回憶，僅靠著碗粿、四神湯和肉羹3樣傳統小吃，在屏東夜市裡長紅70年。傳統瓷碗裝入以純在來米手工製作而成的碗粿，每天現蒸現賣，品質絕對新鮮。配料有香菇、鴨蛋黃、豬肉塊和肉燥丁，再淋上清香不鹹膩的醬汁，吃起來鬆軟綿密，剛入口十分黏綿，輕輕用唇齒一磨便瞬間化開，滋味甚好，讓人意猶未盡。現在已傳至第三代，仍保留最初始的古早作法，因為口味在地，才能保持高人氣，歷久不衰。

1.每一籠剛炊蒸好的碗粿會放在桌上給電風扇吹涼定型，未添加番薯粉和樹薯粉，口感偏軟，米香味美／2.四神湯清爽甘甜，沒有太濃郁的中藥苦味，更符合大眾口味，薏仁和蓮子很添味／3.經營超過70年的老味道，小小的店面作風低調，卻是內行老饕指名屏東夜市必吃的傳統美食

# 陳記番薯糖

香純麥芽甜入心坎裡。

地址：屏東市民族路30號 (夜市15號攤位)
電話：08-733-3349
營業時間：11:00～24:00
**推薦必點**：番薯糖、烤地瓜

在夜市吃過晚餐後，不妨到15號攤位的陳記番薯糖吃飯後甜食。外表金黃亮麗的番薯糖，以純麥芽下鍋熬煮，一口吃下，麥芽糖的香甜完全入味到地瓜裡頭，又Q又黏的糖衣咬起來特別帶勁，甜而不膩，而內層口感卻十分不同，反而是軟嫩綿密還帶有濕潤度。地瓜的香氣和麥芽糖的調味讓整體更加分，每口都甜滋滋唷！

1.小攤子上煮著一大鍋金光閃閃的番薯糖，光用看的就好誘人啊／2.除了番薯糖外，這裡也有賣花生糖、麥芽棒棒糖、冷凍芋……等多種傳統甜品／3.冬天常來買熱騰騰的烤地瓜，以秤重計價，一兩5元，若買一斤70元

# 進來涼冰果室

番茄切盤搭特調佐醬。

地址：屏東市民權路20-7號
電話：08-732-1735
營業時間：09:00～23:30（週四公休）
**推薦必點**：番茄切盤

　　從我小時候有印象以來，每當假日和家人到夜市吃晚餐時，回家前，總會到進來涼冰果室點一盤番茄切盤作飯後水果，而且一定要沾店家調製的獨門佐醬一起吃，能清楚嘗到甘甜味、酸味、鹹味及薑末微微的辛嗆味，口中交織出多重層次的美妙風味，吃完後會久久回味於唇齒間。長大後才知道原來這是南部地區特有的吃法，在北部非常少見。老店於民國38年經營至今，是各大報章雜誌、美食節目爭相採訪的媒體寵兒，供應各式刨冰、雪花冰、冰棒、鮮果汁、水果盤等，商品琳瑯滿目。

1.番茄切盤依時價而定，分量給得大方，脆嫩酸香的番茄搭配特調佐醬是多數南部人共同的童年美食／2.豪邁地沾上由醬油膏、薑末、糖粉等調製成的醬料，彷彿裹上一層濃郁外衣，是美味的靈魂／3.招牌上標榜註冊商標無分店，無論夏天想吃冰消暑或是冬天喝碗熱呼呼的暖甜湯都可以來這裡滿足口欲

# 郭家愛玉冰

特選阿里山優質野生愛玉。

地址：屏東市民族路38號（夜市7號攤位）
電話：08-733-5650
營業時間：夏季10:00～凌晨01:00，冬季11:00～24:00
　　　　　（遇下雨、颱風、寒流公休）
**推薦必點**：綜合冰、粉圓冰、愛玉冰

　　民國12年開業的郭家愛玉冰是一家即將滿百年的高齡老店，3代相傳，賣著一碗碗真材實料的愛玉冰，細膩甘甜、沁涼解暑，單憑這一味就能讓吃過的客人難以忘懷。店家特別挑選阿里山優質野生愛玉籽，每天親自手工搓洗，製作過程純天然無化學添加物。除了招牌愛玉冰，還可搭配檸檬、金桔調配酸甜度，也能選擇粉圓、仙草、杏仁凍等天然食材，混搭成不同口味。採用傳統手工剉冰作法，所以每顆碎冰大小不一，是該店一大特色。

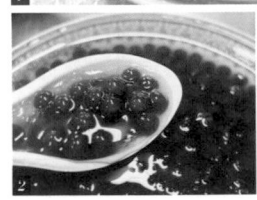

1.綜合冰是將粉圓、仙草、杏仁凍、愛玉凍組合起來，並加入些許糖水、手工碎冰，真是相得益彰，更顯出豐富口感層次／2.店家給的粉圓已經多到將這一碗粉圓冰全蓋滿了耶！軟軟嫩嫩的粉圓伴隨糖水一同入口，微甜不膩，爽口解渴／3.第三代郭老闆娘，基本上除天候影響會店休外，幾乎天天都在攤位上工作著

# 正老李台北泡泡冰

屏東第一家機械式現打綿密冰品。

地址：屏東市民權路27號 (屏東夜市內)
電話：08-732-8889
營業時間：11:00～23:00 (不定休)
推薦必點：綜合口味(花生+花豆)、杏仁牛奶口味、
　　　　　香檳葡萄口味

　　店面招牌標示著屏東創始店，正老李台北泡泡冰是盛夏消暑絕佳選擇，位於屏東觀光夜市內至少有40年。李老闆說，30幾年前泡泡冰在台北很盛行，但是南部很少見，於是夫妻二人回到屏東市後，首創機械打冰法，先將冰塊刨成碎剉冰，接著和配料一起用攪拌機器打成綿冰狀態，口感細柔綿密，入口即化。店裡不斷研發新口味，而傳統口味像是花生泡泡冰、花豆泡泡冰、紅豆牛乳泡泡冰等也都保留著，讓吃了多年的主顧們還能回味過去熟悉的味道。

1.被很多家媒體報導採訪，知名度大開，研發至今有30幾種泡泡冰口味／2.綜合泡泡冰可以一次嘗到花生加花豆兩種口味，散發濃濃的花生香氣，帶有顆粒感，讓原本綿柔細緻的口感中多了層次／3.香檳葡萄口味又酸又甜，像吃著綿狀汽水似的特殊感受，小朋友一定很愛這味道／4.杏仁牛乳也是熱門選項，冰體同樣攪拌得均勻綿密，杏仁味和奶味都很足夠，不會搶味，顆粒口感很棒

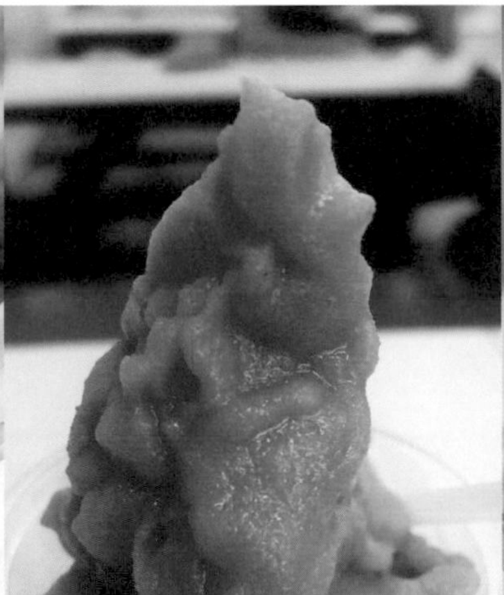

# 屏東福記餛飩

酥炸餛飩的美味延續百年不歇。

地址：屏東市興市巷83-1號
電話：08-765-5642
營業時間：10:30～20:30 (週一、二公休)
**推薦必點**：蘿蔔麻醬麵、魷魚盤、炸餛飩、餛飩湯

　　想來福記餛飩大飽口福的話，得探入屏東夜市裡一條不顯眼的小巷內，傳承百年的手工炸餛飩已是口碑保證。陳老闆說，控制油溫、拿捏火侯和油炸時間能掌握得如此準確，靠的全是多年累積下來的純熟經驗。炸得金黃色又透著韭菜色澤的餛飩，外皮香酥可口，每咬一口便卡滋作響，而飽滿內餡混合韭菜與豬後腿肉製成，軟嫩鮮美，內外口感層次很鮮明。店

裡也有賣一般傳統的湯煮餛飩，包製的餡料與炸餛飩截然不同，滋味各異，只要點綜合餛飩湯，這兩種餛飩口味就都吃得到，湯裡還放入新鮮Q軟的旗魚丸和青菜，配料美味又豐富。

1.飄香百年的老店就藏在屏東夜市的小巷內，是多數屏東老饕心目中的第一名家鄉味／2.魷魚盤不吃可惜，店家自行浸泡處理讓人放心，好吃的祕訣在於有先曬過太陽，更香更脆口，咬勁很Q／3.大受歡迎的還有蘿蔔麻醬麵，特選品質好的白芝麻自製麻醬，醬香味濃，特製蘿蔔乾與豆芽菜增添脆口感／4.一碗餛飩湯會吃到炸餛飩、湯煮餛飩和滋味鮮甜的旗魚丸／5.每來必點的炸餛飩，堪稱店裡的人氣王，外香酥內鮮軟，餡料還保有肉汁，韭菜香氣十足

# 屏東舊火車站，
# 仍存在屏東人心中

在屏東舊火車站拆除的幾個月前，我特地去拍照留念。光陰荏苒，隨著鐵路高架化工程逐漸完工，屏東舊火車站正一步步走入歷史，後方新車站的鋼鐵頂棚，預示即將開啓的嶄新時代。

屹立超過50年，乘客們停留在車站內的時間或許不長，但我相信記憶裡曾經穿梭於車站間的那些景象，卻不會消逝。我從相機裡找出了這張照片，紀念它最後的模樣。

民族路夜市 *Night Market*

# 後記

「出書不是一件容易的事。」與太雅出版社張總編輯第一次見面時，她是這麼提醒我的。

過了幾天，我開始接觸落版單的填寫、編排企劃內容、大綱架構、頁數配置……等等繁複的紙上作業程序後，我才深刻明白，她說的沒錯。而這些都還只是出版前的一小部分而已。一個月後，我們相約進行第二次面談，進一步討論書的架構與內容細節，並正式簽約；我告訴她，請給我一年時間撰寫採訪，這點我很堅持，我期許自己出版前能再一次走訪書中介紹的店家和景點，至少1遍，甚至2遍、3遍以上。

寫書的這一年裡，我將生活比重和時間分配重新調整，要擁有不被時間追趕的生活方式，就現實面來說，不容易做到，日常生活依然要面對工作，但工作以外，我把更多時間用來採訪店家。由於我只能專注做一件事，無法一心二用，大概距離交稿前三個多月，我將全部工作行程停下延後，全心投入這本書。直到截稿的最後一天，我仍在想，書中哪一頁還能再多填入些內容，我捨不得在此畫下句點，有好多、好多話想說，彷彿永遠分享不完，永遠也介紹不夠。

5年多前，一股腦兒栽進了經營部落格的世界，從此著迷於旅遊和品嘗美食，越陷越深。大四時只要隔天沒課，款款行李就出門，我常選擇在當地背包客棧住一晚，藉此機會和同好們彼此交流，分享各自旅途中的故事與見聞。分享是一件快樂的事，但我慢慢發現，我可以侃侃而談大學時生活了4年的台南有哪些地方好吃、好玩，但一提到自己的家鄉屏東，卻越講越心虛，似乎很陌生，曾經還有人對我說：「你好不像屏東人喔，反而像台南人。」

也許只是閒聊當中不經意脫口而出的一句玩笑話，卻成為我決定返鄉的起點。我想好好認識自己成長的地方，於是回到屏東市，持續記錄、分享，開始下筆寫這本書後，我對這座城市的熱愛與依賴也更加深厚。

放不進書裡的遺珠其實有太多太多……，比如，某次撲空已拆除的六塊厝眷村，卻因而發現宛如宮崎駿動畫《神隱少女》中的隧道場景；高中時期和朋友放學後常一起走的美食路線；煥然一新的勝利星村園區；2019年在屏東舉辦的第三十屆台灣燈會；萬年溪畔的逛遊散策路線等等。不過一本書的頁數本就有限，希望將來能有再把這些故事編寫成書的機會。同時，我也和自己承諾，會繼續屏東食旅生活，因為，我是一位屏東人。

# 屏時三餐

## 走走屏東，國境最南的台灣滋味。

| | | |
|---|---|---|
| 作　　者 | 凱南Kenan | |
| 總 編 輯 | 張芳玲 | |
| 企劃編輯 | 張芳玲 | |
| 主責編輯 | 鄧鈺澐 | |
| 封面設計 | 許志忠 | |
| 美術設計 | 許志忠 | |

**太雅出版社**

TEL：(02)2882-0755　FAX：(02)2882-1500

E-mail：taiya@morningstar.com.tw

郵政信箱：台北市郵政53-1291號信箱

太雅網址：http://taiya.morningstar.com.tw

購書網址：http://www.morningstar.com.tw

讀者專線：(04)2359-5819 分機230

出 版 者　太雅出版有限公司
　　　　　台北市11167劍潭路13號2樓
　　　　　行政院新聞局局版台業字第五〇〇四號

總 經 銷　知己圖書股份有限公司
　　　　　106台北市辛亥路一段30號9樓
　　　　　TEL：(02)2367-2044／2367-2047　FAX：(02)2363-5741
　　　　　407台中市西屯區工業30路1號
　　　　　TEL：(04)2359-5819 FAX：(04)2359-5493
　　　　　E-mail：service@morningstar.com.tw
　　　　　網路書店 http://www.morningstar.com.tw
　　　　　郵政劃撥 15060393(知己圖書股份有限公司)

法律顧問　陳思成律師

印　　刷　上好印刷股份有限公司　TEL：(04)2315-0280
裝　　訂　大和精緻製訂股份有限公司　TEL：(04)2311-0221

初　　版　西元2020年02月01日
定　　價　290元

(本書如有破損或缺頁，退換書請寄至：台中市西屯區工業30路1號 太雅出版倉儲部收)

ISBN　978-986-336-366-8
Published by TAIYA Publishing Co.,Ltd.
Printed in Taiwan

**國家圖書館出版品預行編目（CIP）資料**

屏時三餐 ： 走走屏東.國境最南的台灣滋味／凱南 作 . ——初版，
　——臺北市：太雅， 2020 . 02
面； 公分 . ——（臺灣深度旅遊；28）

ISBN　978-986-336-366-8　（平裝）

1.餐飲業　2.旅遊　2.屏東縣

483.8　　　　　　　　　　　108020369

編輯室：本書內容為作者實地採訪的資料，書本發行後，開放時間、服務內容、票價費用、商店餐廳營業狀況等，均有變動的可能，建議讀者多利用書中的網址查詢最新的資訊，也歡迎實地旅行或是當地居住的讀者，不吝提供最新資訊，以幫助我們下一次的增修。聯絡信箱：taiya@morningstar.com.tw

# 填線上回函，送 "好禮"

感謝你購買太雅旅遊書籍！填寫線上讀者回函，
好康多多，並可收到太雅電子報、新書及講座資訊。

好康 1

好康 2

## 每單數月抽10位，送珍藏版「祝福徽章」

**方法**：掃QR Code，填寫線上讀者回函，
就有機會獲得珍藏版祝福徽章一份。

## 填修訂情報，就送精選「好書一本」

**方法**：填寫線上讀者回函，就送太雅精選好書一本
(書單詳見回函網站)。

＊同時享有「好康1」的抽獎機會

屏時三餐

https://reurl.cc/6gYO6d

＊「好康1」及「好康2」的獲獎名單，我們會
於每單數月的10日公布於太雅部落格與太
雅愛看書粉絲團。

＊活動內容請依回函網站為準。太雅出版社保
留活動修改、變更、終止之權利。

**太雅部落格** http://taiya.morningstar.com.tw

有行動力的旅行，從太雅出版社開始

# 太雅 23 週年慶

## 發票登錄抽大獎

**首獎** 澳洲Pacsafe旅遊防盜背包

凡於 **2020/1/1～5/31** 期間購買太雅旅遊書籍(不限品項及數量)
**上網登錄發票，即可參加抽獎。**

### 首獎
澳洲Pacsafe旅遊防盜背包 (28L)

RFID晶片
防側錄口袋

專利防盜鎖扣

2名

### 普獎
BASEUS防摔觸控靈敏之
手機防水袋

顏色
隨機出貨

80名

**掃我進入活動頁面**
**或網址連結 https://reurl.cc/1Q86aD**
活動時間：2020/01/01～2020/05/31
發票登入截止時間：2020/05/31 23:59
中獎名單公布日：2020/6/15

### 活動辦法
- 於活動期間內，購買太雅旅遊書籍(不限品項及數量)　，憑該筆購買發票至太雅23周年活動網頁，填寫個人真實資料，並將購買發票和購買明細拍照上傳，即可參加抽獎。
- 每張發票號碼限登錄乙次，並獲得1次抽獎機會。
- 參與本抽獎之發票須為正本(不得為手開式發票)，且照片中的發票須可清楚辨識購買之太雅旅遊書，確實符合本活動設定之活動期間內，方可參加。
- 若發票存於電子載具，請務必於購買商品時，告知店家印出紙本發票及明細，以便拍照上傳。

※主辦單位擁有活動最終決定權，如有變更，將公布於活動網頁、太雅部落格及「太雅愛看書」粉絲專頁，恕不另行通知。